Paul Herberstein

Birsch

Fibel

Österreichischer Jagd- und Fischerei-Verlag

2. überarbeitete Auflage

Titelbild: Markus Zeiler
Fotos: Sven-Erik Arndt (1), Franz Bagyi (2), Karin Günther (1),
Heinz Hess (1), Kurt Kracher (1), Franz Nagel (2), Martin Merker (2),
Wolfgang Radenbach (2), Horst Rohleder (1), Jürgen Schiersmann (1),
Klaus Schneider (5), Markus Stähli (1), Norbert Steinhauser (1),
Karl-Heinz Volkmar (4)

Verlagsassistenz und Sekretariat: Angela Pleyel

Lektorat & Layout & Leitung Produktion: Dr. Michael Sternath
WassaPauli dea: Sumthang JohnnyWok astuffy – goodi dea, couldabee nGoofi dea, ndeed …

Fachbeirat für Wildgynäkologie: Univ.-Prof. Dr. A.R. Senal

Repro: Blaupapier, Wienerwald/Wien

Gesamtherstellung: Druckerei Ferdinand Berger & Söhne Ges.m.b.H., Horn

ISBN 978-3-85208-105-2

Vorwort

„Ich gehe auf die Birsch." – Schwingt in diesem Satz nicht seit jeher der ganze Zauber der Jagd mit? Das freie Atmen in der Natur, die Vielfalt an Farben, Gerüchen und Geräuschen und letztendlich die hautnahe Begegnung mit dem Wild? Die Birsch, der Gang zu Fuß durchs Revier, ist nicht nur hohe Kunst und Krönung der Jagd, sie lehrt den Jäger auch die Grundlagen für sein Tun. Das Birschen schärft die Sinne, bringt dem Jäger Wild und Pflanzenwelt nahe und macht ihn mit Wind und Wetter bestens vertraut. Kurz: Wer birscht, der lernt nicht nur viel, sondern dem begegnen die pralle Natur und die feinen Töne der Jagd.

Es gibt genügend und gute „Beweggründe", dem Birschen ein eigenes Buch zu widmen. Wertvolle Erfahrungen aus den verschiedensten Revieren warten darauf, weitergereicht zu werden. Diese Birschfibel hat daher ein Ziel: Das Birschen wieder all jenen Jägern nahezubringen, die sich ihr Wild nicht nur ersitzen oder gar erfahren wollen. Praxisnahe und einfache Anregungen sollen zeigen, wie man sich zu Fuß im Revier bewegt. Auch heute noch. Gerade heute.

Paul Herberstein

Inhalt

1. Gute Beweggründe

Offene Frage: Ist der Gang durchs Revier heute überhaupt noch zeitgemäß und sinnvoll? In Zeiten, in denen viele Reviere über ein bis zu den entlegensten Plätzen ausgebautes und leicht zu befahrendes Straßennetz verfügen und sich das Wild anscheinend an die motorisierten Jäger gewöhnt hat? Der „weidgerechte" – oder vielmehr: der „wildbretgerechte" – Schuss nur noch mit einwandfreier Auflage vom Hochstand aus gepredigt wird? Und sich der allgegenwärtige Zeit- und Erfolgsdruck auch bei der Jagd nicht mehr verleugnen lässt?

Klare Antwort: Wer noch nie ein Stück Wild zu Fuß angesprochen oder gar erlegt hat, der beraubt sich, abgesehen von praktischem Wissen und wertvoller Erfahrung, der schönsten Form des Jagens. Erst durch das Birschen gewinnt man jenes Selbstvertrauen und jene Handlungssicherheit, die einen zum ganzen Jäger reifen lassen. Die Gründe liegen auf der Hand:

– Wer birscht, schärft die Sinne.

Wer ein Revier nur aus der Gucklochperspektive von Kanzeln kennt, der wird wohl nie die frische Wittrung eines Brunfthirsches riechen, das Blädern eines Gamsbockes hören oder den im dunklen Unterholz starr verhoffenden alten Rehbock erspähen. Ganz abgesehen davon bläst einem zu Fuß der Wind immer spürbar ins Gesicht – oder auch nicht. Eine Erfahrung, die unbezahlbar ist, will man die wechselnden Windverhältnisse in den einzelnen Revierteilen gut und sicher einschätzen lernen.

– Wer birscht, sieht mehr.

Losung, Plätz- und Fegestellen oder gar frische Lager sieht nur der, der sein Revier auch abseits der breiten Wege und weiten

Schläge oder Wiesen kennt. Das gilt natürlich auch für eine überraschende Keilerfährte oder eine flüchtige Fuchsspur. Gerade Fährten lassen ein Revier zu einem offenen Buch werden, aus dem die spannendsten Geschichten zu lesen sind: Hier war ein rauschiger Keiler auf Durchreise, dort kehrte ein Fuchs von seinen nächtlichen Beutezügen zurück.

– Wer birscht, hat ein größeres Revier.

Gerade kleine Reviere werden oft auf ein paar Hochstände und Ansitzleitern beschränkt wahrgenommen. Was aber ist mit den schmalen Schneisen und den lichten Plätzchen dazwischen, an denen oft die schmackhaftesten Gräser wachsen? Oder mit den wild wuchernden Brombeer- oder Himbeerstauden, zu denen aus allen Himmelsrichtungen Wechsel führen?

– Wer birscht, passt sich der Natur besser an.

Abgesehen von verzichtbaren und zum Teil recht unansehnlichen Reviereinrichtungen, passt man sich beim Birschen auch wesentlich rascher neuen Bedingungen an. Ist ein Schlag von einem Jahr zum nächsten zugewachsen, bietet vielleicht ein anderer Schlag jene Äsung, die Anblick verspricht. Verschiebt sich auf einmal das Brunftgeschehen oder treibt ein Wetterumschwung das Wild in neue Gebiete, so stellt sich der bewegliche Birschjäger schnell und problemlos darauf ein.

– Wer birscht, lernt mehr über das Wild.

Wo steckt das Wild in der Feistzeit, und wo erholt es sich nach der Brunft? Welche Äsung wird im Frühjahr gern angenommen, welche im Winter? Und das schnelle und verlässliche Ansprechen wird beim Birschen ohnedies von der Pike auf gelernt.

– Wer birscht, ist dem Wild näher.

Kennen Sie das Geräusch, wenn ein einzelner dürrer Ast den nahenden Feisthirsch verrät? Das Keuchen des Rehbocks, wenn er die Geiß treibt? Oder den eigenen pumpernden Herzschlag, wenn der starke Fuchs in Augenhöhe und keine zehn Meter entfernt an einem vorbeischnürt? – Die Birsch verringert den Abstand zwischen Jäger und Wild und macht die Jagd zu einem hautnahen Naturerlebnis.

– Wer birscht, ist mit seiner Ausrüstung auf Du und Du.

Mühseliges Schnick-Schnack findet bei der Birsch keine Verwendung, weder bei der Kleidung noch bei der Ausrüstung. Wer birscht, muss alles schnell und sicher griffbereit haben und mit seinem „Werkzeug“ umzugehen wissen. Einmal ein Handgriff zu viel oder ein Klicken zu laut, und man lernt in Sachen Ausrüstung sehr rasch, die Spreu vom Weizen zu trennen.

– Wer birscht, bleibt beweglicher.

Der Birschgang durchs Revier lässt selbst müde Bürobeine schnell munter werden und sorgt für eine Grundkondition, die für gutes Jagen einfach notwendig ist. Ganz abgesehen davon, dass beim Gehen vieles einfacher und schneller „ausraucht“, was beim Jagen nicht in den Kopf und das Herz des Jägers gehört.

– Wer birscht, ist glaubwürdiger.

Berge, Wald und Wiesen sind längst nicht nur mehr den Jägern und dem Wild vorbehalten. Im Gegenteil, von Jahr zu Jahr steigt die Zahl jener Menschen, die sich wandernd, joggend oder auf Fahrrädern durch die Natur bewegen und wenig bis gar nichts mit der Jagd am Hut haben. Welcher Jäger wird diesen Personen wohl eher nach echter und glaubwürdiger Jagd schmecken?

Jener, der ihnen im vollklimatisierten Geländewagen begegnet, sie aus dem Seitenfenster heraus mit strengen Blicken oder gar Belehrungen abmahnt, ehe er sich mit durchdrehenden Reifen aus dem Staub macht? Oder doch eher der Jäger, der Nichtjägern zu Fuß – und damit auf Augenhöhe – begegnet, den Rucksack am Buckel, ein Lachen im Gesicht und vielleicht sogar noch Zeit für ein kurzes Gespräch hat?

2. Birschen – aber wie?

Das Birschen kennt große und kleine Geheimnisse: die geeignete Kleidung, das unauffällige Bewegen im Revier oder der aufmerksame Umgang mit Wind und Wetter. Geheimnisse, in die man am besten von erfahrenen Jägern eingeführt wird. Oder man liest sie im folgenden Kapitel nach.

Steige, Wege und Straßen

Birschen kann man in jedem Revier, gleichgültig ob im kargen Gebirge weit oberhalb der Baumgrenze oder im urig wuchernden Auwald. Entscheidend ist vielmehr, die ganze Aufmerksamkeit auf Augen, Ohren und Nase zu konzentrieren, nicht aber auf jeden einzelnen zu setzenden Schritt. Daher spielt beim Birschen der Untergrund, sprich der Boden, auf dem man unterwegs ist, eine entscheidende und wichtige Rolle.

Der Idealfall: der Birschsteig

Die meisten Reviere werden heute von breiten Forststraßen oder Feldwegen durchzogen, reine Fußwege sind zur seltenen Ausnahme geworden. Dabei wären gerade solche Steige die beste Voraussetzung für das Birschen. Wie sieht nun ein brauchbarer Birschsteig aus? Und was ist überhaupt beim Anlegen eines neuen Birschsteiges zu beachten?

Vorweg: Ein Birschsteig sollte vor allem schmal und unauffällig sein. Auch wenn es den einen oder anderen passionierten Hobbygärtner unter den Jägern schmerzt, braucht es dazu weder die regelmäßige Arbeit mit Motorsäge, Motorsense und Laubbläser noch künstliche Stufenbauten oder Ähnliches. Zum einen würde ein solch mustergültiger Steig wohl auch andere Revierbesucher, wie Wanderer, Schwammerlsucher oder gar Biker, reizen, ihn zu benutzen, und der eigentliche Grund – nämlich Wild in Anblick zu bekommen – wird kaum von Erfolg gekrönt sein. Zum anderen würde das Wild um jeden mit viel zeitlichem Aufwand, technischer Gerätschaft und damit ständig verbundener Beunruhigung angelegten Steig sowieso einen weiten Bogen machen.

Ein Birschsteig, der Sinn macht, muss nur einige wenige Voraussetzungen erfüllen und nach einfachen Handgriffen begehbar sein:

– Vor jeder Überlegung, wo und wie ein Birschsteig entstehen soll, steht selbstverständlich das Wild. Es macht keinen Sinn, dort zu birschen, wo zwar der Ausblick wunderschön, der Anblick aber nur dürftig sein wird. Man richtet sich danach, wo die Hauptwechsel des Wildes verlaufen und wo es sich – möglicherweise auch nur zu gewissen Jahreszeiten – gerne und oft aufhält.

– Ein Birschsteig, der das Wild stört oder gar nachhaltig beunruhigt, verfehlt sein Ziel. Steige durch Einstandsgebiete oder mitten durch beliebte Äsungsflächen sind tabu, und man berücksichtigt dabei auch immer die Hauptwindrichtung oder zumindest häufig auftretenden Wind. Wer für verschiedene Windverhältnisse gerüstet sein will, der legt einen Birschsteig am besten so an, dass dieser von zwei unterschiedlichen Himmelsrichtungen zum bekannten Brunftplatz oder zur unwiderstehlichen Wiese führt.

– Ein Steig passt sich vorhandenen Geländeformen an. Man vermeidet dabei große Steilstufen oder schwer zu überwindende Kanten, die – so im Verlauf anders nicht möglich – zu umgehen sind.

– Der Blick gilt der Umgebung, und daher ist ein Birschsteig auch bei Dämmerung und Nässe leicht zu begehen und hat keine Stolperfallen. Einzelne große Steine oder stark hervortretende Wurzeln sind unnötige Hindernisse.

– Beim Ausschneiden eines Birschsteiges geht man äußerst sparsam vor. Abgesehen von unnötigem zeitlichen und technischen Aufwand denkt man an die oft entscheidende Deckung, derer man sich sonst berauben würde.

– Weicher, astloser Waldboden ist der Wunschtraum, mitunter kann aber auch auf festem, steinigem Untergrund sehr gut und lautlos gebirscht werden. Trockene Äste und dürres Laub, schmatzend feuchte Erde oder loser Schotter hingegen machen jeden Birschgang sinnlos und sind für einen Steig ungeeignet.

– Ein Birschsteig muss in der Pflege und „Wartung" nicht zu einem Großprojekt ausarten. Ein bis zwei Kontrollgänge im Jahr mit kleiner Handsäge oder Axt und eventuell einem groben Besen reichen, um den Steig „in Schuss zu halten". Manchmal genügt auch der mitgeführte Birschstock, um nach Stürmen oder Unwettern herabgefallene Zweige oder lose Steine einfach und schnell zu entfernen.

Der Glücksfall: Hohl- oder Holzrückwege

Jedes noch so erschlossene Revier hat mit Sicherheit auch kleine Hohlwege oder Schneisen, durch die etwa eine Holzbringung erfolgte. Solche Wege haben meist den Vorteil, dass sie entweder nicht mehr häufig verwendet oder gar aufgelassen werden. Die Folge: Keine Auto- oder Traktorreifen, die immer wieder die zarte Vegetation aufreißen, und daher kann bald weiches Gras oder gar Moos über die Sache wachsen – ein wunderbarer Untergrund zum Birschen!

Auch wenn die meisten dieser Wege und Schneisen mit Sicherheit nicht unter jagdlichen Gesichtspunkten angelegt worden sind, so wird dennoch das eine oder andere „Teilstück" durch Gebiete führen, in denen sich Wild gerne aufhält.

Der Normalfall: die Forststraße oder der Feldweg

Wer im eigenen Revier nicht mit Birschsteigen oder zumindest schmalen, verwachsenen Wegen gesegnet ist, der muss keinesfalls auf das Birschen verzichten. Denn selbst auf breiten Forststraßen oder Feldwegen kann man sich auf leisen Sohlen bewegen. Hier ein paar Beispiele:

– *Grasnarbe als Trittfläche*

Meist bilden sich mit der Zeit selbst auf steinigem Untergrund in der Mitte oder an den Rändern einer Straße Grasnarben, die ein leises Birschen möglich machen. Es ist klar, dass gerade breite Straßen wenig Deckung bieten, daher birscht man besser auf den seitlichen Grasnarben als auf einem einzelnen Grünstreifen in der Mitte. Im Fall der Fälle taucht man mit einer kleinen Bewegung im seitlichen Graben ab oder drückt sich flach an die Böschung. Und auf dem offenen Feld kann bereits ein einzelner Baum, ein wenig hohes Gras oder Schilf gute Deckung geben.

– *Feste Steine statt loser Schotter*

Doch selbst dort, wo grüner Bewuchs völlig fehlt, ist das Birschen möglich. Dann nämlich, wenn der steinige Unter-

grund fest zusammengedrückt ist und man sich auf ihm mit entsprechend weichen Sohlen an den Füßen leise fortbewegen kann.
Dort allerdings, wo etwa bei frisch angelegten Straßen nur loser Schotter die Oberfläche bedeckt, ist die Birsch sinnlos. Man wird bei fast jedem Schritt Steine lostreten und so ständig mit einer für das Wild allzu verdächtigen Geräuschkulisse unterwegs sein.

– *Nasses Laub, aufgeweichte Rinde*

Auch auf an sich ungeeignetem Straßenuntergrund, wie etwa auf Schotter, gibt es zumindest zeitweise die Möglichkeit, dem Wild nahezukommen. Nach ausgiebigen Feuchtperioden wird der Boden vielerorts mit aufgeschwemmter Erde, mit feuchten Baumnadeln und Laub oder mit durchweichten Rindenstücken bedeckt sein. Mit genügend Routine und Zeit und wohl überlegten Schritten spricht nichts gegen eine vorsichtige Birsch.

Steige neben Forststraßen

Ist an ein Birschen auf einer Forststraße selbst bei erstklassigen Witterungsverhältnissen nicht zu denken, dann legt man am besten kurze Nebensteige an. Solche Steige zweigen unauffällig von der breiten Forststraße ab und verlaufen entweder parallel zu dieser oder führen zu Schlägen, Wiesen oder bekannten Wechseln. Je nach Geländeform sind für einen solchen Nebensteig bereits wenige Meter ausreichend und Erfolg versprechend. Man stelle sich bloß einen üppig mit Gräsern, Beeren und Kräutern bewachsenen und gut einsehbaren Schlag vor, der überriegelt vor einem liegt und den man mit nur wenigen Schritten, durch einen Jungwald bestens gedeckt, erreicht.

Querfeldein im Gebirge

Gerade in hochalpinen Regionen gibt es kaum Forststraßen, und man kommt aufgrund der extremen Witterung und der kürzeren Jagdzeit auch selten dazu, eigene Birschsteige anzulegen. Jeder Bergjäger kennt aber Steige oder Routen, die ihn zur Hütte, zum Bodensitz oder sicher durch einen Graben führen. Am Berg zählt bei solchen Wegen vor allem eines: Sicherheit. Besteht im Verlauf irgendwo die Gefahr von Stein- oder Schneelawinen? Können einzelne Tritte vielleicht abrutschen? Erst in zweiter Linie wird man sich Gedanken machen, ob diese Steige auch zum Birschen taugen.

Als Bergjäger ist man daher gewohnt, auch querfeldein unterwegs zu sein und sich jedes Mal neu nach Wind, Wetter und dem Wild zu richten. Die entsprechende Deckung findet man aus der Situation heraus. Einmal werden es Latschen sein, in die man sich vor dem plötzlich auftauchenden Berghirsch hineinduckt, das andere Mal versteckt man sich hinter einem kleinen Felsblock, um das vor einem auf offener Alm weit verstreute Gamswildrudel anzusprechen. Doch unabhängig, ob man beim Birschgang freie Flächen quert oder steile Geländestufen überwindet: Auch am Berg und querfeldein achtet man immer auf möglichst geräuschlosen Untergrund.

Auf Schnee und Eis

Abgesehen davon, dass man bei hohen Schneelagen und tiefwinterlichen Verhältnissen freiwillig auf einen zu starken Jagddruck verzichtet, liest sich ein Revier gerade bei Neuschnee, jagdlich auch „Neue“ genannt, wie ein Kriminalroman: Welche seltenen Fährten gibt es zu entdecken? Fuchs? Hochwild? Oder vielleicht sogar ein starker Keiler? Zudem ermöglicht einem weicher, pulvriger Neuschnee, leise in der Winterlandschaft voranzukommen. Ein über die Kleidung gezogenes Schneehemd gibt dabei eine einfache und dennoch für sämtliche Wildtiere nur schwer auszumachende Tarnung.

Bei Harsch, also wenn die Schneedecke lediglich an der Oberfläche gefroren ist und man bei jedem Schritt hörbar einbricht, verzichtet man auf große Birschgänge. Bessere Chancen hat man wieder, wenn die Schneeauflage völlig durchgefroren oder festgepresst ist. Einzige Voraussetzung: Man wagt sich nur mit bestem Schuhwerk außer Haus und packt zumindest bei der Bergjagd Fußeisen in den Rucksack, um diese in heiklen Passagen anzulegen.

Schneeschuhe schnallt man am besten dann an, wenn man in offenem Gelände auf einer hohen Schneedecke unterwegs ist und nicht bei jedem Schritt bis zur Hüfte einsinken will. Geübte Jäger nützen die verschneite Landschaft auch dazu, auf Langlauf- oder Tourenschi lautlos durch das Revier zu gleiten.

Ein weiterer, nicht zu unterschätzender Vorteil der Birsch im Winter: Wer zu Fuß im Revier unterwegs ist, friert weniger und bleibt beweglicher. Ein entscheidender Pluspunkt, will man nicht ungelenk und mit steifen Fingern dem überraschend auftauchenden Keiler oder Fuchs gegenüberstehen.

Goldene Zeiten

Wann birschen, wann ansitzen? – Meist ergänzen sich die beiden Jagdarten in der Praxis wunderbar, ja gehen oft nahtlos ineinander über. Stößt man etwa in der Gamsbrunft auf Scharwild, so ist es mit dem Weiterbirschen zunächst einmal vorbei. Man wird sich an Ort und Stelle einen Sitzplatz suchen, von dem man das Wild beobachtet, und in aller Ruhe abwarten, ob etwa ein

Bock auftaucht. Auch tageszeitlich passen Birsch und Ansitz gut zusammen. Während sich der Ansitz eher für die Dämmerungszeiten, also in der Früh und am Abend, anbietet, ist man tagsüber und bei gutem Licht zu Fuß unterwegs.

Spannender Vormittag und überraschender Nachmittag

Diese Berichte kennt wohl jeder: Waldarbeiter, die am Vormittag Holz aufarbeiten, erzählen von einem starken Rehbock, der wie wild um sie herum eine Geiß getrieben hat. Oder der betagte Schwammerlsucher, der am frühen Nachmittag plötzlich auf zwanzig Meter vor dem verschollen geglaubten Sechzehnender gestanden hat. Wenn man dann hoffnungsfroh in der Früh oder am Abend ausrückt: tote Hose, nichts.

Abgesehen davon, dass so manches Wildtier Waldarbeiter und Schwammerlsucher sehr gut von „gefährlichen" Jägern unterscheiden kann, sagen solche Erlebnisse auch etwas Anderes aus: Wildtiere sind durchaus auch mitten am Tag auf den Läufen, schon allein, weil die meisten von ihnen Wiederkäuer sind, die regelmäßig Äsung aufnehmen. Zudem lehrt das Wild auch die Erfahrung, wann es im Revier ruhig und ungefährlich ist.

Schnee und Regen bringen Segen

Die Birsch im oder kurz nach Regen hat viele Vorteile. Nasser oder zumindest feuchter Untergrund schluckt Geräusche. Das wissen nicht nur die Jäger, sondern auch das Wild, das sich ohne Knacksen und Rascheln fortbewegen will. Außerdem treibt es Wild nach Regenschauern geradezu aus den tropfenden Einständen. Anders als bei kurzen, heftigen Niederschlägen scheut sich Wild während anhaltend langer Feuchtperioden keineswegs, seinem Äsungsbedürfnis auch im Regen nachzugehen und auf freie Flächen zu ziehen. Nebenbei: Solch „wasserfestes" Wild ist ein sicheres Zeichen dafür, dass es im Revier länger regnerisch bleiben wird.

Noch spannender wird es in der kalten Jahreszeit nach Schneefällen: Frische Fährten ziehen sich durch das Revier und geben Aufschluss, wo, wann und welche Wildtiere auf den Läufen sind. Schneefall bedeutet für das Wild nicht nur einen Wetterumschwung, sondern macht es vielfach auch notwendig, nach neuen Einständen oder Äsungsflächen zu suchen. Für Bewegung im Revier ist also gesorgt.

Pantoffel statt Jagdstiefel

Es gibt aber auch Zeiten, da kann man es sich zu Hause gemütlich machen und Jacke und Gewehr im Schrank lassen. Neben den Notzeiten im Winter gilt dies vor allem für hochsommerliche Wetterperioden. Wenn es staubtrocken im Revier ist, wird sich der Anblick beim Birschen wohl in Grenzen halten. Zum einen bleibt das meiste Wild in Dürrezeiten lieber in kühlen, schattigen Einständen und bewegt sich wenig, zum anderen werden dürre Äste und trockenes Laub den birschenden Jäger schon von weitem verraten.

Die Birschjagd sollte auch dann ruhen, wenn das Schusslicht schlecht und unzulänglich ist. Daher macht der Gang zu Fuß in sehr frühen oder späten Dämmerungszeiten ebenso wenig Sinn wie etwa im dichten Nebel.

Wie oft birschen?

Gerade beim Birschen ist nicht nur der Zeitpunkt wesentlich, sondern auch die Häufigkeit. Man kann es nämlich auch übertreiben und sein Revier regelrecht „zerbirschen“.

Birschen verlangt nicht nur höchste Konzentration und Aufmerksamkeit, sondern auch ein Gespür für das Wild. Jeder

Birschgang hinterlässt für das feinsinnige Wild Verdächtiges. Schuhe, Jacke oder Rucksack haben eine für Menschen oft nicht wahrnehmbare Wittrung, die dem Wild gar nicht schmeckt und es misstrauisch macht. Birschgänge plant man daher gut dosiert und mit ausreichend Ruhepausen dazwischen. Man gönnt dem entsprechenden Gebiet und dem dort lebenden Wild nach einem ausgiebigen Reviergang zumindest ein paar Tage Ruhe, ehe man es erneut birschend betritt. Ist eine noch längere „Ruheperiode“ möglich – etwa durch ein genügend großes Revier –, dann können durchaus auch Wochen dazwischen liegen. Gerade in ausgedehnten Hochwildrevieren empfiehlt es sich sogar, einzelne Revierteile bewusst monatelang nicht zu betreten und in solch „heiligen Hallen“ nur zu ganz bestimmten Anlässen zu birschen – etwa in der Brunft oder aufgrund einer Nachsuche.

Zwischen Einstand und Wechsel

Bei der Birsch nimmt man nicht nur auf die Gewohnheiten und das Verhalten der Wildtiere Rücksicht, man verliert auch niemals das Schussfeld und den so lebensnotwendigen Kugelfang aus den Augen.

Einstände sind tabu

Auch wenn man im Herzen der Einstände wohl oder übel auf Wild stoßen wird, Sinn macht ein solcher „Direktangriff“ nur in den seltensten Fällen. Zum einen handelt es sich dabei um wichtige Rückzugsgebiete für das Wild, in denen es völlige Ruhe hat und wo keinerlei Jagddruck ausgeübt werden soll. Und es sind gerade die Ruhezonen, die Wild an ein Revier gewöhnen und binden – mehr noch als jede noch so reichhaltige Äsung. Denn wer wohnt schon gerne in einem Haus, in dem regelmäßig durch Wohn- und Schlafzimmer getrampelt wird?

An den Wechseln

Anders verhält es sich da schon mit jenen Plätzen, die jagdlich am verheißungsvollsten sind: die Wechsel. Fast jedes Schalenwild hält über die Jahre – oft über Generationen – feste Wechsel ein, auf denen es vom Einstand zur Äsung oder umgekehrt unterwegs ist. Ein solcher Wechsel muss kein einzelner, ausgetretener Pfad sein, sondern besteht auch aus Verästelungen und Nebenwegen. Diese entstehen etwa nach einem Sturm, wenn Äste oder ganze Baumstämme den Hauptwechsel versperren, oder weil das Wild für besondere Leckerbissen kleine Umwege in Kauf nimmt. Man birscht zwar in der Nähe solcher Wechsel, vermeidet aber unbedingt, sich genau auf diesen zu bewegen.

Gelände und Bewuchs berücksichtigen

Man verliert an Birschsteigen schnell die Freude, wenn man von diesen das Wild nur überriegelt oder ohne Kugelfang in Anblick bekommt. Der Schattenriss eines reifen Hirsches gegen den freien Himmel gibt zwar ein atemberaubendes Fotomotiv ab, für einen Schuss taugt eine solche Situation allerdings nicht. Die Sicherheit ist in keinster Weise gegeben – Gefahr in Verzug!

Wesentlich ist beim Birschen immer auch eine ausreichende Deckung, etwa eine Reihe Jungbäume oder kleine Erdhügel, sowie ein guter Ausblick auf jene Plätze, wo mit Wild zu rechnen ist. Anders als beim Ansitz, bei dem meist ein klar begrenzter Schussbereich gegeben ist, kann Wild beim Birschen praktisch von jeder Seite in Anblick kommen. Birschsteige, die im Wald durch lichtes Stangenholz führen, geben einem die Chance, in jede Richtung anzusprechen und bei entsprechendem Kugelfang auch zu schießen. Beim Birschen durch Dickicht oder Gestrüpp ist die Beweglichkeit zu stark eingeschränkt und man wird wohl mehr mit sich und seiner Ausrüstung beschäftigt sein.

Schritt für Schritt

Jede Birsch kennt einen Grundsatz: Der Jäger sieht oder hört das Wild zuerst und nicht umgekehrt. Mag sein, dass es die eine oder andere Situation gibt, in der man auf abspringendes Wild noch eine Chance erhält, im Normalfall allerdings nicht. Daher braucht es eine ausgefeilte Birschtechnik, sprich eine besonders aufmerksame und ruhige Fortbewegung im Revier.

Die „Stehbirsch“

Aufmerksam und ruhig bedeuten eigentlich: Zeitlupentempo und Stillstand. Jäger, die beim Birschen gewohnt sind, in einer Stunde nicht mehr als ein paar hundert Meter zurückzulegen, wissen, wie es geht. Eine sogenannte „Stehbirsch“, die Abfolge von wenigen und betont langsamen Schritten und dem Stehenbleiben, macht sicher, dass einem weder das leiseste Geräusch noch die kleinste Bewegung im Umfeld entgeht. Diese so wichtigen Pausen können durchaus einige Minuten dauern und dienen dazu, immer wieder in die Natur „hineinzulauschen“. Weht der Wind gleichmäßig oder dreht er? Säuseln die dürren Blätter im Wind oder wechselt Wild an? Warum rätscht der Eichelhäher da vorne so aufgeregt und laut? Hat er mich oder vielleicht etwas Anderes entdeckt? – In der Bewegung wird man nicht nur leichter von Wildtieren wahrgenommen, man überhört und übersieht auch vieles. Die Wildtiere selbst dienen dem

Birschjäger dabei als bestes Vorbild: Oft sichern oder verhoffen sie minutenlang, bevor sie mit dem Äsen beginnen oder weiterziehen.

Diese betont langsame und vorsichtige „Stehbirsch" durchs Revier ist über kilometerlange Strecken nicht möglich. Mit der Zeit verliert man an Konzentration, die Spannkraft des Körpers lässt nach, und man wird müde. Wer sein Revier gut kennt, der wird zwischendurch zur Auflockerung – und in weniger heiklen Gebieten – auch einige schnellere Schritte wagen.

Augen auf den Sohlen

Birschprofis sprechen gerne davon, mit „Augen auf den Sohlen" unterwegs zu sein. Damit sind keineswegs etwa Hühneraugen aufgrund schlecht sitzender Schuhe oder Strümpfe gemeint, sondern vielmehr die Fähigkeit, den Untergrund bei jedem Schritt regelrecht zu erahnen, auch ohne die Augen auf den Boden gerichtet zu haben. Biegt sich unter der Sohle da gerade ein dürrer Ast kurz vor dem Knacksen? Oder hält der spitze Stein den Schritt aus, den man gerade gesetzt hat? Keine Frage: Ein vorab gut gewählter Untergrund hilft dabei enorm. Diese „Augen auf den Sohlen" sind deshalb so wichtig, da man die eigentlichen Augen und alle anderen Sinnesorgane zu hundert Prozent für die nächste Umgebung braucht.

Von Vorteil ist es auch, bei jedem Schritt auf ebenen oder leicht ansteigenden Wegen mit der gesamten Sohlenfläche aufzutreten. Zum einen verteilt sich das eigene Gewicht besser und damit lautloser auf den Untergrund, zum anderen birgt jedes Abrollen die Gefahr, dass Steine losgetreten werden oder dass man durch die geringere Bodenhaftung ausrutscht und damit ebenfalls unnötige Geräusche verursacht. Das gilt selbstverständlich nicht für steile Passagen, in denen es ohne den kräftigen Einsatz von Ferse oder Zehen kein Fortkommen gibt.

Sprung vorwärts, decken!

Irgendwann wird man auch beim Birschen in die Knie gezwungen. Man nähert sich etwa einem Rudel, aber die notwendige Deckung fehlt, um auf Schussnähe heranzukommen. Wer beim Heer gedient hat, weiß, was nun folgt: runter auf den Boden und mit dem Körper samt Ausrüstung so flach und langsam wie möglich robben. Das Gewehr schiebt man dabei vor sich her, um es schnell und geräuschlos in Anschlag zu bringen. Ein Weiterbirschen in gebückter Haltung ist in solchen Fällen deshalb nicht ratsam, da man nicht nur schneller wahrgenommen wird, sondern auch leichter außer Atem kommt – für einen sicheren Schuss nicht gerade förderlich.

Licht und Schatten

Praller Sonnenschein kann beim Birschen schnell zum Spielverderber werden. Selbst die kleinste Bewegung leuchtet weit in die Landschaft, ganz abgesehen von etwaig blinkenden Ausrüstungsgegenständen oder dem reflektierenden Licht von Augengläsern oder Optik. Man achtet darauf, sich so lang wie möglich im Schatten zu bewegen und jede kleinste Deckung zu nutzen. Und wenn sich ein paar Schritte unter freiem Sonnenlicht nicht vermeiden lassen, dann wählt man zumindest die Stehpausen dort, wo ein schmaler Baumstamm oder ein paar Blätter Schatten spenden oder man sich hinter einem Wurzelstock oder Strauch abducken kann. Und wenn man einem Wildtier plötzlich und völlig überraschend Aug in Licht gegenübersteht? So es einen noch nicht wahrgenommen hat, sucht man ohne hektische Bewegungen Deckung oder Schatten, um unbemerkt das Fernglas zu heben, den Hund abzulegen oder gar das Gewehr von der Schulter zu nehmen. Das helle Tageslicht kann dabei sogar hilfreich sein, wenn man mit der Sonne im Rücken selbst zwar gut sieht, das Wild Bewegungen gegen grelles Licht aber nur schwer ausmacht.

Auch der Hintergrund spielt eine Rolle. Untertags, aber auch zu Dämmerungszeiten, zeichnet sich ein Jäger deutlich am hellen Horizont ab und wird, wenn er etwa an einem Kamm entlang birscht, leicht wahrgenommen. Bewegt man sich stets vor dunklem Hintergrund, besteht diese Gefahr nicht.

Verhoffen und Abspringen

Selbst bei ausgereifter Birschtechnik wird sich manchmal etwas nicht vermeiden lassen: das Wild hat einen bemerkt und verhofft, zur Salzsäule erstarrt. In solchen Augenblicken bewahrt man Ruhe und erstarrt ebenfalls zur Salzsäule. Wenn das Wild lediglich ein ihm bekanntes Geräusch oder eine flüchtige Bewegung wahrgenommen hat, stehen die Chancen gut, dass es sich nach einiger Zeit wieder beruhigt und vertraut weiterzieht oder äst. Doch Vorsicht: Gerade ältere und erfahrene Stücke äsen nach dem Verhoffen oft nur zum Schein und senken dabei zur Täuschung das Haupt. Es zahlt sich aus, bewegungslos und still abzuwarten, bis das Wild jegliches Misstrauen verliert und zum Tagesgeschehen übergeht.

Und was, wenn einen das Stück bereits wahrgenommen hat und abspringt? Im Normalfall wird man keine zweite Chance erhalten, und man kann getrost den geordneten Rückzug antreten. Jedes Weiterbirschen in der unmittelbaren Umgebung oder gar der Versuch, dem abspringenden Wild zu folgen, wird das Revier nur unnötig beunruhigen. Daher geben sich erfahrene Jäger in solchen Situationen dem Wild zu erkennen, indem sie entweder vernehmlich husten oder halblaut zu sprechen beginnen. Dem Wild wird solcherart signalisiert: Ah, da ist ja nur ein harmloser Wanderer unterwegs, der mich gerade so erschreckt hat. Ähnliches gilt auch für den Gang durchs Revier bei starker Dämmerung oder Dunkelheit. Man beunruhigt das Wild am wenigsten, wenn man auf viel begangenen Wegen, mit normalem Tempo und entsprechender Geräuschkulisse unterwegs ist.

Hat man sich unentdeckt an Wild herangebirscht, ist aber nicht zu Schuss gekommen, weil kein passendes Stück dabei war oder man nur beobachten wollte, dann entfernt man sich ebenso lautlos, wie man sich genähert hat. Längere Wartezeiten oder kleinere Umwege, um das Wild nicht zu vergrämen, nimmt man dafür in Kauf.

Nach dem Schuss

Den geeichten Birschjäger erkennt man auch nach dem Schuss. Wie beim Ansitz geht es darum, so rasch wie möglich eine zweite Patrone in den Lauf zu laden – am besten noch „im Schusshall" – und das beschossene Wildtier im Auge zu behalten. Bleibt es im Sichtfeld und ist etwa ein rascher zweiter Schuss vonnöten, dann wird man sich mit sparsamen Bewegungen in die richtige Stellung bringen.

Nicht so, wenn der Schuss gefallen ist und man das Stück aus den Augen und auch Ohren verloren hat. In solchen Augenblicken ist es wie bei der Ansitzjagd wichtig, sich und dem Wild ausreichend Ruhe und Zeit zu geben und auf keinen Fall gleich nachzuhetzen. Schlecht getroffenes Wild wird dadurch lediglich aus dem Wundbett aufgemüdet anstatt sich festzusetzen. Eine Nachsuche kann dadurch unnötig erschwert werden. Im Gegensatz zur Ansitzjagd verbricht man nach der Schussabgabe sofort den eigenen Standort oder markiert diesen zumindest notdürftig. Der Schuss bei der Birsch erfolgt unvorhergesehen, praktisch aus der Bewegung heraus. Von wo aus geschossen wurde, muss später genau nachvollziehbar sein. Nur so wird man den so wichtigen Anschuss oder auch etwaige Hindernisse in der Schusslinie feststellen können. Wer nach dem Schuss gleich ein paar Schritte hin oder her tänzelt, verliert diesen entscheidenden Bezugspunkt.

Über Wind und Wetter

Wind und Wetter – selbst eingefleischte Ansitzjäger auf gut abgedichteten und stabil gebauten Kanzeln wissen, dass ohne guten Wind und passendes Wetter gar nichts geht. Für das Birschen gilt dies umso mehr.

Birschen ist keine windige Geschichte

Beginnen wir mit dem himmlischen Kind. Jeder Jäger wird sich vor dem Birschgang ein klares Bild machen, von wo der Wind bläst. Wer raucht, wird dafür wohl eine Zigarette anzünden, wer lieber die frische Luft atmet, dem genügt ein angefeuchteter Finger oder leichte Gräser oder Blätter, die er in die Luft streut. Das Beste für einen Birschgang ist natürlich nahezu Windstille. Man kann sich frei und in jede Richtung bewegen, das Wild kann von allen Seiten in Anblick kommen, und überdies stören auch keine Windgeräusche die eigenen Gehörgänge. Der Traum eines Jägers, der allerdings für die meisten Reviere und Tage im Jahr nicht zutreffen wird. Jedes Gebiet kennt eine Hauptwindrichtung, aus der es mehr oder weniger stark pfeift, und die plant man bei der Birsch unbedingt ein. Ein Beispiel: Man jagt in einem Revier, in dem der Wind in der Regel aus Westen kommt. Ist der Wind konstant und ausrechenbar, dann bietet sich in diesem Fall an, von Osten nach Westen zu birschen – und damit gegen den Wind. Da kein Steig, keine Straße schnurstracks in eine Himmelsrichtung führt, achtet man darauf, zumindest mit halbem Wind unterwegs zu sein, sprich einer Windrichtung von schräg vorne oder der Seite. Die Windrichtung spielt deshalb eine solch bedeutende Rolle, da sich das Wild sehr stark an Gerüchen und Geräuschen orientiert, die aus dem Wind zu „lesen" sind. Wildtiere werden mit Vorliebe dort austreten oder sich aufhalten, wo sie Wind schöpfen können und damit erfahren, ob sich Menschen oder anderes Wild in der Nähe aufhalten. Beim Birschen muss man den Wind ständig im Auge – oder besser gesagt im Gesicht – haben und zu jeder Zeit wissen, wo Chancen auf Anblick bestehen.

Der Wind bläst allerdings nicht immer ganz eindeutig in eine Richtung. An Waldrändern, kleinen Blößen oder in Kesseln kann er unerwartet drehen, ebenso gelten an Flüssen und Gewässern ganz eigene Windgesetze.

Im Gebirge ist zu beachten, dass der Wind in der Regel tagsüber bergauf zieht und nach Sonnenuntergang sowie vor Sonnenaufgang talwärts. Der Grund ist einfach: Warme Luft steigt auf, damit steigt auch der Wind, wenn die Sonne scheint und die Luft erwärmt. Vorsicht ist in Mulden und Karen geboten, in denen sich der Wind verschlagen kann und dadurch große Gebiete wildleer fegt.

Was aber tun, wenn der Wind wechselhaft bläst? Ganz einfach: Nicht birschen gehen. Bei drehendem oder unstetem Wind verstänkert man nur das Revier und beunruhigt unnötig das Wild.

I´m birsching in the rain

Anders verhält es sich da schon bei feuchtem Wetter. Der Wind hält im Regen oftmals besser als im Trockenen, und man ist geräuschloser unterwegs. Nebel hingegen wird nicht umsonst als „Hirschenhüter" bezeichnet und eignet sich aufgrund von unstetem Wind und beschränkter Sicht nur bedingt für eine Birsch.

Kleider machen Beute

Das oberste Prinzip beim Birschen lautet, sich geräuschlos in der Natur zu bewegen. Die besten Hosen, Jacken oder Schuhe bringen nichts, wenn sie bei jedem Schritt wetzen, reiben oder gar quietschen.

Auf leisen Sohlen

Beim Schuhwerk lohnt sich ein Blick in die Geschichte. Die großen Meister des lautlosen Anschleichens waren die Indianer. Ihre aus leichtem und sehr weichem Leder gefertigten Mokassins machen klar, worauf es beim Birschen vor allem ankommt: Leise, leise und nochmals leise. Gut, die amerikanische Prärie ist nicht mit unseren Breiten zu vergleichen, aber gerade in flachen Wald- und Wiesenrevieren sind leichte Birschschuhe mit Sicherheit sinnvoll. Halbschuhe, die eine sehr weiche und elastische Sohle haben und durch die Knöchelfreiheit mehr Spielraum lassen, den Fuß das ein oder andere Mal nur auf der vorderen Spitze oder an den Seitenballen aufzusetzen. Um Missverständnissen vorzubeugen: Es geht nicht darum, Knochen und Bänder beim Birschen aufs Spiel zu setzen. Im Zweifel und bei Unsicherheiten ist ein fester Bergschuh mit grobem Sohlenprofil die erste Wahl, auch wenn die Leichtfüßigkeit darunter leidet. Auf der anderen Seite sei an dieser Stelle aber auch erwähnt, dass in der Vergangenheit manch heimlicher Feisthirsch nur dadurch erlegt worden ist, da sich sein Jäger auf Socken oder lediglich mit weichen Gummistiefeln an den Füßen herangebirscht hat …

Wichtig beim Schuhwerk ist neben einer geräuschschluckenden Sohle auch das Obermaterial. Knarrendes Leder oder metallische Schuhriemenhalterungen, die bei jedem Schritt aneinander schlagen, sind keine guten Birschbegleiter.

Jacke wie Hose

Vorab und ohne die persönlichen Vorlieben für das eine oder andere Material zu berücksichtigen, sollte die Kleidung atmungsaktiv sein. Vollkommen ungeeignet sind Stoffe, die bereits bei leichter körperlicher Anstrengung die Hitze stauen und einen daher nass geschwitzt, mit hochrotem Schädel und beschlagener Brille vor dem erhofften Wild stehen lassen. Erstklassige Wegbegleiter sind altbewährte Stoffe wie Leder, Leinen oder Loden, die es in verschiedenen Ausführungen und passend zur jeweiligen Jahreszeit gibt. Jeder Jäger wird im Laufe der Zeit wohl auf ein paar Stoffe schwören, weil sie sich in der Praxis bewährt haben, und diesen sollte man auch beim Birschen treu bleiben. Die einzige Bedingung: Geräuscharm müssen sie sein, denn selbst das geringste Wetzen lenkt die eigenen Ohren zu stark ab. Erfahrene Birschjäger achten dabei auf jedes noch so kleine Detail. Knöpfe etwa, die mit Leder oder Stoff überzogen sind, haben gegenüber blankem Metall oder lauten Reißverschlüssen hörbare Vorteile.

Ob rot, ob braun, …

Die passende Farbe ergibt sich von selbst. Klassische, naturnahe Töne wie Grün oder Braun verschwimmen als einfärbige Flächen mit der Landschaft. Auch gefleckte Musterungen in gedeckten

Farben lösen die Konturen des Jägers hervorragend auf. Jahreszeitlich angepasste Kleidungsfarben, wie etwa ein im Winter übergestreiftes Schneehemd, sind nicht nur sinnvoll, sondern oftmals die einzige Chance, dem Wild auch wirklich nahezukommen.

Apropos Farbe: Wer keine von Wind und Wetter oder von Sonnenstudios gebräunte Haut besitzt, der zeigt so wenig wie möglich davon. In der Dämmerung machen ein bleiches Gesicht oder leuchtend weiße Knie und Hände jede noch so ausgefeilte Tarnung schnell zunichte.

Hut oder Mütze?

Man vertraut jener Kopfbedeckung, bei der man bei Sonne, Regen, Schnee oder Wind die besten Erfahrungen gemacht hat. Einiges hat sich aber in der Praxis nachhaltig bewährt:

– Man verzichtet auf schmucke Abzeichen oder Ehrennadeln, die beim Birschen glitzern oder weithin leuchten und so bestenfalls als Wildwarner dienen.

– Augen und Ohren müssen unbedingt frei sein, weit ins Gesicht gezogene Mützen oder die Sicht seitlich begrenzende Kapuzen sind ungeeignet. Ohrenschützer sind nur dann zu empfehlen, wenn Wind und Kälte es unbedingt erfordern und man voraussichtlich nicht in unmittelbarer Nähe auf Wild – und dessen Geräusche – stoßen wird.

– Bei der Farbwahl – wichtiger noch als beim Ansitz – sind die naturnahen Farben Grün oder Braun zu empfehlen. Die häufig zu sehenden schwarzen Lodenhüte heben sich gerade in der Bewegung stark vom Hintergrund ab und taugen eher für den sonntäglichen Messgang.

Kälte darf kein Thema sein

Beim Birschen ist man in Bewegung und nur in Ausnahmefällen stundenlang am gleichen Ort. Dennoch zahlt es sich aus, stets ein Paar Handschuhe und zusätzliche Oberbekleidung in den Rucksack zu packen. Der ruhige und langsame Birschgang bringt einen zwar eher selten zum Schwitzen, aber das Wetter – gerade in den Übergangszeiten oder im Gebirge – kann sehr rasch und manchmal dramatisch umschlagen. Auch kommt es beim Birschen vor, dass man geduldig warten muss: Etwa wenn sich der Brunftbock am doch schon recht kühlen Augustmorgen erschöpft und nur wenige Schritte von einem entfernt niedertut oder der Hirsch mit der besonders tiefen Stimme nicht und nicht aus der Dickung ziehen will. Dann kommt es darauf an, sich warmzuhalten, um im entscheidenden Augenblick nicht über das Jagdfieber hinaus auch noch von Frost gebeutelt zu werden.

Zum Thema Handschuhe ein Tipp am Rande: In der Regel eignen sich gewalkte Fäustlinge am besten, da diese wirklich warmhalten und sehr schnell und leise von der Schusshand abgezogen werden können. Jeder noch so ausgefeilte Fingerhandschuh mit aufklappbarem Schießfinger oder ähnlichen technischen Raffinessen schafft in der Regel mehr Mühe und ist gewöhnungsbedürftig.

Vom Gewehr bis zum Rucksack

Speziell beim Birschen kommt es darauf an, mit der Ausrüstung selbstverständlich, schnell und vor allem sicher umzugehen. Es bringt überhaupt nichts, sich die teuerste Büchse, den ausgetüfteltsten Schießstock oder die neueste Optik zuzulegen, wenn sie der Praxis nicht gerecht werden. Auf unnötige Zusatzausrüstung kann man leichten Herzens verzichten. Gemeint sind alle Arten von Verschlüssen, Abdeckungen oder technischen Geräten, die zwar im Geschäft vom geschulten Verkäufer im Handumdrehen bedient werden können, draußen im Revier mit klammen Fingern und bei kälteren Temperaturen aber genau jene wertvollen Sekunden vergeuden, die zwischen Erlegung und abspringendem Wild liegen.

Das Gewehr: führig und vertraut

Keine Experimente beim Birschen, was Kaliber oder ungewohnte Büchsen betrifft! Lieber auf das bewährte, über Jahre geführte Gewehr zurückgreifen! Ob dieses nun eine kombinierte Waffe oder eine reine Büchse ist, hängt vom Geschmack des Jägers ab.

Auch Munitionsfragen beantwortet die Praxis: Auf welche Wildarten wird gebirscht? Und wie weit sind die Entfernungen, auf die geschossen wird? In der Regel sind es die gängigen Kaliber wie 7x64 oder .30-06, mit denen man fast immer bestens gewappnet ist.

Gerade beim Birschen achtet man darauf, dass das mitgeführte Gewehr vor allem funktionell ist. Überlange und damit unhandliche Büchsen bringen genauso wenig wie die schönsten Goldeinlegearbeiten und Schaftveredelungen, bei welchen man bestenfalls Gefahr läuft, sich bei einem schnellen Schuss die

Wange zu verletzen. Auf dem Weg ins Revier schultert man ein robustes und verlässliches Gewehr, nicht aber ein heikles Museumsstück.

Der schnelle Durchblick

Schnell und sicher anzusprechen, darum geht es bei der Optik. Beim Fernglas wird es daher jenes tun, mit dem man auch sonst unterwegs ist und rasch die richtige Schärfe eingestellt hat. Im Gegensatz zum Ansitz sind folgende Dinge zu beachten:

– Man verwendet am besten ein leichtes Glas, das nicht zu stark an den Nackenmuskeln zieht. Man glaubt gar nicht, wie sich schon wenige Gramm Mehrgewicht auf längeren Birschgängen unangenehm bemerkbar machen. Die Tatsache, dass der Dämmerungsleistung beim Birschen eine geringere Bedeutung zukommt als beim Ansitz, erleichtert den Griff zum kleinen, aber feinen Fernglas.

– Beim Birschen im Wald sind die Entfernungen zum Wild oft wesentlich geringer als beim Ansitz. Daher sind Ferngläser mit einer kleinen Vergrößerung völlig ausreichend – etwa das über Jahrzehnte klassische 7x42-Glas. Anders natürlich bei Bergjagden oder in weiten Feldrevieren: Hier wird man wohl über ein Fernglas oder gar Spektiv dankbar sein, mit dem man auch auf große Entfernungen ansprechen kann, um sich danach auf Schussnähe heranzubirschen.

– Man kürzt das Trageband auf eine Länge, die das Fernglas nicht bei jedem Schritt in die Magengrube schlagen lässt.

Ein Wort noch zum Thema Entfernungsmesser: Wer sein Revier einigermaßen kennt, wird auch die Entfernungen gut abschätzen können und auf solche Technik verzichten. Beim

Birschen sind Entfernungsmesser meist nur Ballast im Rucksack, erfordern zusätzliche Handgriffe und vergeuden oftmals wertvolle Sekunden, bevor man das Gewehr für einen sicheren Schuss an der Wange hat.

Fadenkreuz und Zielstachel

Während frühere Jägergenerationen nur Kimme und Korn kannten, gibt es bei der Auswahl an Zielhilfen heutzutage schon eine große Bandbreite. Man geht auf Nummer sicher, wenn man dem gewohnten Absehen treu bleibt und auf Experimente verzichtet. Es macht wenig Sinn, aus „sportlichen" Gründen mit Zielstachel auf Birsch zu gehen, wenn man damit wenig bis gar keine Erfahrung hat und damit auch das nötige Selbstvertrauen fehlt.

Bei der Wahl der Vergrößerung ist weniger mehr. Gerade bei kürzeren Schüssen genügt eine vier- bis höchstens sechsfache Vergrößerung völlig. Das Blickfeld ist damit schneller erfasst, und man muss nicht erst unnötig mit dem Gewehr „umrühren", um das Wild ins Zielfernrohr zu bekommen. Optik mit variabler Vergrößerung bietet da eine praktische Hilfe, nur sollte man keinesfalls ständig „am Rad drehen", sondern höchstens zwei unterschiedliche Einstellungen – eine für den Ansitz, eine für die Birsch – wählen, um nicht das Gefühl für Entfernungen, die eigenen Leistungsgrenzen und die des Gewehres zu verlieren.

Weniger ist mehr, gilt beim Birschen auch für die Dämmerungsleistung des Zielfernrohres. So gute Dienste ein „Ofenrohr" mit großem Objektivdurchmesser beim Sauansitz auch leisten mag, beim Birschen ist es in jedem Falle fehl am Platz. Zum einen birscht man in der Regel ohnehin und sinnvollerweise bei ausreichend Schusslicht, und zum anderen macht eine dezente Optik das Gewehr führiger und leichter.

Birschen mit Stock

Der Stock ist weder Zeichen der Vergreisung noch altmodisches Beiwerk des Bergjägers. Ganz im Gegenteil: Der Birschstock ist einer der wesentlichsten Ausrüstungsgegenstände beim Birschen, und das völlig unabhängig, ob in den Bergen oder im Flachland.

Ein Birschstock entlastet Gelenke und Sehnen bei Auf- und Abstiegen, und er hilft besonders in Schwindel erregenden Passagen am Berg, das Gleichgewicht zu halten. Er dient als verlängerter Arm, wenn man die Schneeauflage prüfen, den Tritt sichern oder den Jagdhund auf etwas aufmerksam machen will.

Für den birschenden Jäger ist der Stock zum Aufstützen des Fernglases und für das Anstreichen mit dem Gewehr unverzichtbar, insbesondere dann, wenn auf kürzere Entfernungen schnell geschossen werden muss und weder Zeit noch Umgebung eine passende Auflage ermöglicht. Unabhängig davon, ob es sich um einen klassischen mittelstarken und etwa körperlangen Stock aus Haselholz oder um technisch ausgefeilte Zwei- oder Dreibeine aus anderen Materialien handelt, bleiben auch hier der schnelle und vertraute Umgang und der Verzicht auf technischen Klimbim wesentlich. Ein zusätzlich zu öffnender Verschluss oder Knopf kann bereits zuviel sein, und man schaut nur noch dem Hirsch oder dem Spiegel des Rehbocks hinterher.

Beim Anstreichen selbst nimmt man einen sicheren Stand mit ausreichend gespreizten und versetzten Beinen ein und beugt den Oberkörper leicht nach vorne. Der Birschstock wird dabei fest vor den Schützen in den Boden gestemmt. Eine feste und entspannte Haltung ermöglicht einen sicheren Schuss, und man kann davor mit ruhiger Hand durchs Fernglas ansprechen. Ein schräg gehaltener Kopf, der irgendwie in das Zielfernrohr schielt, ein verkrampft eingezogener Hals oder eine völlig verdrehte Körperhaltung sind beim Anstreichen die häufigsten Ursachen für ärgerliche Fehlschüsse selbst auf kürzeste Entfernung.

Viele Jäger verbinden mit dem Birschstock auch etwas sehr Störendes: das berühmt-berüchtigte Gamsglockenläuten, metallisch-helle Töne, wenn die eiserne Stockspitze auf Steine schlägt. Diese Nebengeräusche sind einfach zu verhindern, indem man eine dicke Dichtungskappe aus weichem Gummi über das hölzerne Stockende stülpt. Mit umgedrehtem Stock ist danach selbst eine Geröllquerung geräuschlos möglich – zumindest was den Birschstock betrifft…

Rucksack am Buckel

Was und wieviel für einen Birschgang mitgenommen wird, entscheidet letztendlich ein Ausrüstungsgegenstand: der Rucksack. Ein guter Rucksack ist weit geschnitten, besonders gut und gründlich vernäht und hat breite und starke Lederriemen. Das Obermaterial besteht in der Regel aus Loden oder grobem Leinen. Die oftmals angebotenen Lederrucksäcke haben zwei gravierende Nachteile: Nach Regen oder bei Kälte versteifen sie, und sie verursachen mitunter auch unangenehm knarrende Geräusche. Auf metallische Schnallen oder Halterungen verzichtet man gänzlich, da diese bei jeder Bewegung nur unnötig klimpern. Außerdem zerkratzt Metall mit Sicherheit das Gewehr, wenn dieses – wie bei der Bergjagd unumgänglich – über den Rucksack getragen wird, um beide Hände frei zu haben. Außentaschen, so überhaupt vorhanden, werden lediglich mit Verschlussriemen gesichert. Unverzichtbar ist eine starke, reißfeste Schweißeinlage, damit erlegtes Wild auf dem eigenen Rücken zum Auto, zur Hütte oder ins Tal gebracht werden kann. Oft spielt der Rucksack bereits vor der Erlegung eine wesentliche Rolle: Aus Loden oder Leinen gefertigt, kann er rasch als formbare Gewehr- oder Ellbogenauflage verwendet werden.

Was gehört in einen Rucksack überhaupt hinein? Jeder Birschgang kann Überraschungen beim Wetter oder unvorhersehbare Wendungen beim Jagen mit sich bringen: Eine Nachsuche zieht sich über mehrere Stunden hin, oder man ist gezwungen, im strömenden Regen auf das Hochwerden des niedergetanen Brunfthirsches zu warten. Daher packt man zusätzlich zu dem, was man am eigenen Leib trägt, folgende Kleidung und Ausrüstungsgegenstände in den Rucksack:

- eine zweite Garnitur Kleidung, zumindest aber ein zweites Hemd und einen Pullover;
- einen Regenschutz oder Wetterfleck;
- ausreichend Munition;
- ein scharfes, handliches Jagdmesser;
- handliche Schlepp- oder Bergehilfen für erlegtes Wild (Gurte, Seile, usw.);
- Fußeisen, wenn man damit rechnen muss, auch auf eisigen oder besonders rutschigen Pfaden unterwegs zu sein;
- kleine Verpflegung – als Notration und Zwischenmahlzeit eignen sich Energiespender wie Müsliriegel, Schokolade oder „Studentenfutter“ (Mischung aus getrockneten Trauben und Nüssen);
- eine Thermosflasche, je nach Jahreszeit gefüllt mit wärmendem Tee oder kaltem, vielleicht sogar mit einer Zitrone aufgefrischtem Wasser;
- Hygieneartikel wie Klopapier, Taschentücher, eventuell auch eine kleine Notapotheke;
- eine kleine lichtstarke Taschenlampe, am besten als Stirnlampe;
- Plastiksäcke für den Transport von Wildbret-Teilen (Leber, Herz, usw.) oder nicht wasserfesten Ausrüstungsgegenständen.

Allein oder zu zweit?

Auch wenn es nach „einsamer Wolf“ klingt: Gebirscht wird am besten allein. Jede weitere Person verdoppelt die Lautstärke und die Bewegungen, die vom Wild wahrgenommen werden können. Zudem ist die Abstimmung, vom plötzlichen Stehenbleiben bis zum eingeschlagenen Tempo, zu zweit nicht immer ganz einfach.

Anders verhält es sich dort, wo die Entfernungen zwischen Jäger und Wild naturgemäß größer sind. Im Gebirge auf Gams oder auf weiten, gut einsehbaren Flächen wie etwa auf Feldern bei der Rehbrunft bleibt mehr Spiel- und Bewegungsraum, um sich nach genauer Absprache auch zu zweit mit guter Deckung und passendem Wind auf Schussnähe heranzubirschen.

Eines sind Birschgänge aber mit Sicherheit nicht: Völkerwanderungen. Wer daran denkt, gleich zwei oder gar mehreren Personen sein Revier zeigen zu wollen und mit seinen Gästen auf die Jagd zu gehen, der wählt lieber den Ansitz. So kann man zumindest im Flüsterton miteinander sprechen, und die Chancen auf Anblick sind ebenfalls höher.

Ein Hund macht das Birschen rund

Ein Begleiter der besonderen Art sei hier noch erwähnt: der eigene Jagdhund. Keine Frage, der gehört zum Birschen dazu wie das Amen im Gebet. Ganz abgesehen von einer möglichen Nachsuche, „funktioniert“ ein Jagdhund aufgrund seiner feinen Sinne auch bestens als „Wildfrühwarnsystem“. Viele erfahrene Jäger bleiben in der Sekunde stehen, wenn ihr Hund mit hoher Nase anzeigt, dass Wild in unmittelbarer Nähe ist oder der Vierbeiner mit tiefer Nase eine frische Fährte verweist. Und was das Birschen selbst betrifft: Die weichen Pfoten und die Gewichtsverteilung auf vier Läufe machen den Hund sowieso zum vollkommenen, lautlosen Begleiter. Aufgrund seiner geringeren Körpergröße findet er zudem viel einfacher und schneller Deckung als der Mensch.

Keinen Sinn macht ein Hund, der den Birschgang mit einem Spaziergang verwechselt, vor und hinter dem Jäger auf- und abläuft, mit Bellen seinen Übermut zeigt oder mit ständigem Winseln daran erinnert, dass es eigentlich schon Zeit zum Fressen wäre. Ein Hund sollte unbedingt wissen, worum es geht, gut abgerichtet und mit dem Jäger vertraut sein, um eine echte Hilfe zu sein. Er wird die wichtigsten Befehle selbstverständlich auch ohne Zurufe oder Pfiffe ausführen und sich für längere Zeit ablegen lassen. Als eingespieltes Team wird er ohne Leine bei Fuß gehen und automatisch stehen bleiben, wenn es sein birschendes Herrl oder Frauerl tut.

Bei soviel Gehorsam vielleicht noch ein letztes, weiches Wort: Jeder, der bereits einmal mit einem Hund auf der Birsch war, wird kaum mehr freiwillig auf dessen Begleitung verzichten und sich ohne Vierbeiner im Revier wohl auch ein wenig einsam und verloren fühlen …

Vor dem ersten Birschgang

Wenn man über die richtige Vorbereitung für das Birschen spricht, geht es natürlich auch um eines: um den sicheren Schuss. Dieser ist vom Ansitz aus nicht allzu schwer. Der gut unterlegte Vorderschaft ruht auf der Brüstung, Arm und Ellbogen sind fest abgestützt, und man hat jede Menge Zeit. Beim Schuss auf der Birsch schaut es schon etwas anders aus. Das plötzlich in Anblick gekommene Wild, wenig Zeit und mitunter nur ein Stock, über den angestrichen werden kann. Doch auch hier ist ein sicherer und verlässlicher Schuss möglich. Aber wie?

Anstreichen lässt sich üben

Zumindest einmal im Jahr sieht jeder Jäger den Schießstand. Dann, wenn vor der Jagdzeit der Probeschuss ansteht und man wissen will, „ob eh alles zusammenpasst“. Sitzend und mit bequemer Auflage wird der Schuss abgefeuert, ein kurzes Nicken, wenn die Scheibe herangezogen wird und die gewünschte Trefferlage zeigt, und man ist wieder dahin.

Nicht so der gewissenhafte Birschjäger. Er nimmt sich im Vorfeld ausreichend Zeit für das Schießen im Stehen. Angestrichen an einem Stock oder einem Pfosten lässt sich das am Schießplatz im Trockentraining üben. Nicht unbedingt zu jenen Zeiten, an denen hinter jedem Schützen schon der nächste mit seiner Büchse scharrt, um dranzukommen, sondern dann, wenn man dafür am Schießstand genügend Zeit und Muße findet. Für Jungjäger oder Ungeübte ist auch von Vorteil, nicht eine Menge Zuseher zu haben, die einen vielleicht mit der einen oder anderen Aussage noch verunsichern. Zeit und Muße bedeuten im Klartext, dass man durchaus eine ganze Schachtel Patronen opfern kann, um mit der Büchse im Stehendschießen vertraut zu werden. Es zahlt sich aus! Die bereits beschriebene breite Beinstellung und der leicht nach vorn geneigte Oberkörper gehören genauso dazu, wie sich mit dem Rückstoß im Stehen vertraut zu machen und damit vor jeder Form des Muckens gefeit zu sein.

Körper in Schuss halten

Auch wenn die richtige Birsch, der betont langsame Gang durchs Revier mit vielen Pausen, wohl kaum einen Jäger körperlich wirklich fordern wird, eine gewisse Grundkondition gehört zur Jagd wie die Butter aufs Brot. Und diese ist schon mit ein paar Grundregeln leicht aufzubauen. Hier ein paar Tipps, wie es im Revier merklich leichter fällt:

– Wer konsequent die Treppe statt dem Lift nimmt und zumindest ab und zu in Joggingschuhen oder mit Fahrrad unterwegs ist, wird den Unterschied im Revier sehr bald spüren.

– Bei steileren Birschsteigen wählt man beim Aufstieg ein betont langsames Tempo, um den Körper Schritt für Schritt an die Steigung zu gewöhnen und nicht gleich sein konditionelles Pulver zu verschießen.

– Man benützt den Birschstock nicht nur als Zielhilfe, sondern auch zur Entlastung der Gelenke und Muskeln, wenn es am Steig einmal bergauf oder bergab geht. Fest mit beiden Händen umklammert und bei jedem Schritt eingesetzt, gibt er nicht nur zusätzliche Sicherheit, sondern erhöht als „drittes Bein“ massiv die Standfestigkeit. Und man verhindert damit so manch laut kollernden Stein oder einen die Erde küssenden Hosenboden.

Ohne jeden Fitnesswahn oder übertriebenen Körperkult: Wer seinen Körper in Schuss hält, hat mehr von der Jagd. Gerade beim Birschen.

3. Dem Wild auf der Spur

Das abschließende Kapitel dieser Birschfibel ist ein kleiner Streifzug durch jenes praxisnahe Wissen, das beim Birschen hilfreich sein kann. Dem Wild und seinen Geheimnissen auf die Spur kommt letztendlich aber nur der Jäger, der bereit ist, eigene Erfahrungen und Beobachtungen zu machen und vom Wild selbst zu lernen.

Innere Uhren

Äsung und Ruhe – das sind die beiden wesentlichen Eckpunkte, nach denen sich die „inneren Uhren" fast aller Wildtiere richten. Bis auf das Schwarzwild sind alle heimischen Schalenwildarten Wiederkäuer, die nach dem Äsen auch Zeit und Ruhe für das Nachdrücken brauchen. Wann genau einzelne Stücke auf den Läufen sind und wann sie sich betten, hängt aber auch immer von der Jahreszeit, der vorhandenen Äsung und von den persönlichen Vorlieben ab. In harten Wintermonaten ist ungestörtes und nicht gefüttertes Wild zudem imstande, sowohl die Körpertemperatur als auch den Nahrungsbedarf drastisch herunterzufahren, die für Jäger meist unsichtbaren Ruhephasen überwiegen daher deutlich.

Tag oder Nacht?

Bei wenig Jagddruck und in ruhigen Gebieten wird man die meisten Schalenwildarten auch während des Tages oder zumindest zur Dämmerung in Anblick bekommen. Bei viel Jagddruck oder ständigen Störungen im Revier wird sich das Wild wohl in der Nacht sicherer fühlen. Für Schwarzwild stellt die Dunkelheit dabei ohnehin kein Problem dar: Der Geruchsinn ist fein entwickelt, die Sehschärfe hingegen schlecht. Auch Rotwild kommt in der Nacht gut zurecht, da es auch bei wenig Licht ausgezeichnet äugt. Gerade während der Sommermonate, wenn die Tage sehr lang, die Nächte aber umso kürzer sind, reicht den Wildtieren der Schutz der Dunkelheit oftmals nicht aus. Sie ziehen häufig erst spät am Morgen den Einständen zu und sind noch bei bestem Büchsenlicht damit beschäftigt, sich den Pansen zu füllen.

Zwischen Brunft und Setzzeit

Im Frühsommer nehmen fast alle Wildtiere reichlich Äsung auf, während der Brunft geht es vor allem darum, sich fortzupflanzen. Für den Birschjäger sind das jene Zeiten, in denen er das Wild oft in Anblick bekommen wird. Die Setzzeiten oder die Wochen nach der Brunft sind dagegen eher ruhige, die der Erholung dienen. In der Feistzeit nimmt Wild zwar reichlich Nahrung auf, geht aber mit der Bewegung äußerst sparsam um. In schweren Notzeiten können einzelne Wildtiere auch die Scheu vor dem Menschen verlieren. Als Jäger nutzt man solche Situationen nicht aus und stresst das Wild nicht zusätzlich durch Bejagung.

Einzelgänger oder Rudeltier?

Ob sich Wild allein oder im Rudel bewegt, kann sich übers Jahr auch ändern. Während der Kolben- und Feistzeit ziehen Rothirsche oftmals im Rudel friedlich durch das Revier. Wenige Wochen später, in der Brunft, können die gleichen Hirsche zu erbitterten Feinden werden. Ähnliches kann man auch bei Gamsböcken beobachten oder bei Rehböcken, die sich etwa über die Wintermonate einem Sprung anschließen. Auf Rudeltiere zu jagen, bedeutet: Mehr Lichter und Lauscher eräugen und vernehmen mehr als nur zwei, und meist wird ein Rudel oder eine Rotte von einem besonders erfahrenen Muttertier angeführt. Zudem kann es vorkommen, dass man bei weit auseinander gezogenen Rudeln ein einzelnes, vielleicht niedergetanes Stück übersieht. Springt dieses ab, nimmt es meist das ganze Rudel mit.

Einen wesentlichen Vorteil hat die Jagd auf Rudelwild aber: Das Ansprechen fällt leichter, da man die einzelnen Stücke gut miteinander vergleichen kann. Die Unterschiede in Größe, Wildbretstärke und Deckenfärbung sind hilfreich, um abzuschätzen, wie alt und wie gesund ein Wildtier ist.

Stetig oder unstetig?

Rotwild hält Wechsel oftmals ein Leben lang, vielfach über mehrere Generationen. Einige Wechsel werden allerdings nur zu gewissen Jahreszeiten begangen. Schwarzwild hingegen zieht das ganze Jahr eher unberechenbar und sprunghaft durch das Revier, weil es als Allesfresser nahezu überall Nahrung findet und sich dementsprechend frei bewegt. Birschgänge machen daher nur dort Sinn, wo man regelmäßig oder zumindest zu bestimmten Zeiten mit Wild rechnen kann.

Wild hat Lieblingsplätze

Äsung und Ruhe – diese beiden Eckpunkte entscheiden auch, wo sich Wildtiere wohlfühlen und sich am liebsten aufhalten. Auch ob eine Wildart Wärme oder Abkühlung sucht, ist von Bedeutung. Das robuste Gamswild bevorzugt in der warmen Jahreszeit untertags eher die schattigen Plätze, Rehwild oder Rotwild genießen auch schon einmal das Bad in der Sonne.

Bock oder Geiß, Hirsch oder Tier?

Männliche und weibliche Wildtiere haben zum Teil völlig unterschiedliche Lebensweisen: Ab welchem Alter wird ein Gamsbock zum Einzelgänger, ab wann ein Keiler? Warum steht das Scharwild meist auf anderen Plätzen als die Gamsböcke? Und wohin zieht es die Geißen zum Setzen? – Das Geschlecht des Wildtieres spielt eine maßgebliche Rolle, wo und wie es in Anblick kommen kann.

Alt oder jung?

Allem Schalenwild gemeinsam ist die Fähigkeit, aus Erfahrungen zu lernen und im Laufe des Lebens immer heimlicher zu werden. Alte Rehböcke oder Hirsche etwa bekommt man oftmals nur in der Brunft zu Gesicht, wenn sie sich liebesblind etwas unvorsichtiger als gewohnt bewegen. Und ältere Gamsgaisen stehen nicht selten allein in besonders unzugänglichen Revierteilen.

Für junges Schalenwild gilt Anderes. So es nicht geschützt im Rudel oder im Sprung mit älteren Artgenossen lebt, kann es Gefahren zunächst nicht immer richtig einschätzen. Dies gilt besonders für die erste Zeit, wenn es sich allein und ohne Muttertier in der Natur zu bewegen lernt.

Rehwild

Mit Rehwild verbindet man die leichte, unbeschwerte Jagd: Die Birsch auf die Schmalgeiß und den Knöpfler steht für angenehm warme Frühlingstage, die hochsommerliche Brunft bedeutet zeitloses Jagen von früh bis spät und Geiß und Kitz verbindet man meist mit sanftem Herbstlicht und buntem Laub. Und hat man schließlich Weidmannsheil, dann trägt man auch nicht allzu schwer an der Beute. – Es wundert nicht, dass gerade die Birsch auf Rehwild besonders beliebt ist.

Rehwild lebt vom flachen Feldrevier bis zu kargen Almen in steilen Bergrevieren. Es kommt, wenn es sein muss, mit erstaunlich wenig Deckung aus und passt sich auch bei der Äsung dem jeweiligen Lebensraum gut an. Rehwild ist gegenüber kurzfristigen Störungen etwas weniger heikel als etwa Rotwild, wird sich langfristig aber nur in Gebieten wohlfühlen, in denen es auch Ruhe findet.

Zwischen März und April verfegen die Böcke die Bastgeweihe und beginnen, ihre Reviere abzustecken. Ab Mai sind die meisten Jahrlingsböcke bereits von der Muttergeiß getrennt und werden auf der nicht immer leichten Suche nach einem ruhigen, sicheren Einstand auch häufig in Anblick kommen.

Zwischen Mai und Frühsommer setzen die Geißen und brauchen viel Ruhe. Man wird in der Folge beim Birschen einen weiten Bogen um bekannte Setzgebiete machen. Die Böcke kommen in die Feistzeit, und damit werden sie zwar nicht ganz so unsichtbar wie Feisthirsche, aber dennoch weit seltener zu sehen sein. Beim Birschen hält man sich dann zurück und stellt dem Rehwild nicht auf Biegen und Brechen nach.

Ab Mitte Juli beginnt mit der Brunft eine Zeit, in der während des ganzen Tages gute Chancen auf Anblick bestehen.

In der Hauptbrunft ist kaum Bewegung, die Böcke stehen bei den Geißen. Eine brunftige Geiß zu erkennen, wird im Normalfall nicht möglich sein, am ehestens gelingt dies noch bei führenden Geißen, wenn diese ohne Kitz auftauchen. Ist eine Geiß brunftig, wird früher oder später auch ein Bock auftauchen. Hat eine Geiß abgebrunftet, zieht der Rehbock weiter. Der erfahrene Jäger verzichtet zu dieser Zeit entweder gänzlich auf den Rehruf oder verwendet zur Hauptbrunft lediglich zwei Arten: den Kitzfiep, um die Geiß – und damit auch den Bock im Schlepptau – zu locken, oder den Sprengfiep, wenn es darum geht, den Bock eifersüchtig zu machen. Gegen Ende der Brunft beginnt dann jene Zeit, in der das Blatten am meisten Sinn macht. Rehböcke durchstreifen die Reviere auf der Suche nach den letzten noch liebeswilligen Geißen und legen dabei auch weite Wegstrecken zurück. In dieser Zeit trifft man – mit oder ohne Rehruf – zum Teil auf völlig unbekannte Rehböcke aus anderen Revieren. Ab Mitte August verebbt für ein paar Wochen die Bewegung im Revier.

Ab Herbst holt sich das Rehwild den so wichtigen Feist für den Winter und wird daher dort häufig in Anblick kommen, wo es Äsung gibt. Rehe suchen dabei auch selten genutzte Revierteile auf. Beim ersten Schnee überstellen sich einige Rehe nochmals und sind gut abzufährten: ein guter Zeitpunkt für die Geiß- und Kitzbejagung.

Je später das Jahr, desto sparsamer und zurückhaltender ist man mit ausgedehnten Birschgängen auf Rehwild. Gerade bei hohen Schneelagen und frostigen Temperaturen braucht das Rehwild ausreichend Ruhe. In der kalten Jahreszeit bilden Rehe selbst in Waldrevieren kleinere Sprünge, in weiten Feldrevieren mit wenig Deckung können diese Sprünge durchaus auf eine Größe von bis zu hundert Stück anwachsen.

Gamswild

Haben Sie schon einmal das Glänzen in den Augen gestandener Jäger gesehen, wenn sie von der Gamsjagd erzählen? Diese Mischung aus Stolz und Ehrfurcht, auf Gams jagen zu dürfen? Warum gerade Gamswild bei den Jägern seit jeher so hoch im Kurs steht, ist leicht erklärt. Der Gams verkörpert wie kein anderes Wild das Leben in der freien Natur, das Wechselspiel zwischen üppigen und kargen Zeiten, milder Schönheit und brutaler Gefahr. Und die Gamsjagd verlangt dem Jäger viel ab: neben Wissen und Erfahrung vor allem eine große Opferbereitschaft und Leidenschaft. Etwas, was ihm letztendlich die pechige Krucke in den Händen schwerer als so manches starke Hirschgeweih wiegen lässt.

Die Augen des Jägers spielen bei der Gamsjagd eine entscheidende Rolle, gleichgültig ob man Grashänge nach dem hellen fahlgelben Sommergams absucht oder den Fels nach dem pechschwarzen Wintergams, oder ob man die Gams im dunklen unbeschneiten Wald auszumachen versucht. Dabei kommt es weniger auf die reine Sehschärfe an, sondern neben der Erfahrung, wo sich Gamswild im Revier gern aufhält, auch auf die Fähigkeit, Bewegungen gut wahrzunehmen. Hat man einen einzelnen Gams einmal ausgemacht, sind mit dem Fernglas meist weitere, auf den ersten Blick zunächst unsichtbare Stücke zu entdecken. Im Rudel kann man gut vergleichen und sieht sehr rasch, welche Stücke im Wildbret eher schwächer oder schlecht verfärbt sind.

Im Sommer zeigt sich der Berg von seiner freundlichen Seite, Schnee und Eis sind großteils geschmolzen, und überall grünt und blüht es. Damit zieht es auch die Gams in Gebiete weit oberhalb der Baumgrenze, wo sie ungestört und von hochwertiger Äsung umgeben sind. Ein Jäger, der auf den Sommergams jagen will, folgt ihm dorthin. Gamswild sucht den Schatten. Schon in den frühen Morgenstunden vor Aufgang der Sonne ist es auf den Läufen, tagsüber sitzt es im Schatten und drückt nach. Erst gegen Abend, wenn die Sonne untergeht, zieht es wieder auf die Äsungsflächen. Der Sommerbock wird eher auf dem Ansitz bejagt, da gerade ältere Böcke ihre Einstände gut halten und damit auch halbwegs auszurechnen sind. Heimliche Böcke in den Einständen anzubirschen, ist meist ein hoffnungsloses Unterfangen. Die Gamsböcke werden auf gut gewählten Aussichtsplätzen den Jäger schon früh vernehmen oder in den Wind bekommen. Bei der sommerlichen Jagd auf Scharwild oder auf eine alte Gais kommt dem Birschgang schon mehr Bedeutung zu. Scharwildrudel sind häufig im offenen Gelände anzutreffen, und man kann das Wild bei gutem Wind und ausreichend Deckung anbirschen.

Gams tun sich gerne an Stellen nieder, von denen sie nicht nur einen guten Ausblick haben, sondern wo ihnen auch der Wind verrät, ob sich jemand nähert. Die Lichter sitzen beim Gams weit seitlich, und der tote Winkel ist sehr gering. Ohne Deckung wird daher ein Anbirschen selbst auf einen abgewendet äsenden Gams kaum erfolgreich sein.

Gamswild hat noch eine spezielle Eigenheit, die das Herz eines jeden Birschjägers höher schlagen lässt: Gams machen „Haberl". Wenn ein Gams abspringt, bleibt er nach ein paar Fluchten gerne noch einmal stehen, um die Störung genauer unter die Lupe zu nehmen. Für Jäger oftmals die heiß ersehnte zweite Chance, doch noch eine Kugel anzutragen.

Die spätherbstliche oder winterliche Jagd ist nicht nur aufgrund der beeindruckenden Bergkulisse ein Höhepunkt, mit November beginnt auch die Brunft. Der schwarze Bartgams auf

Schnee zählt für viele Jäger mehr als die verhältnismäßig leichte und sanfte Jagd auf den Sommergams. Mit der Brunft kommt Bewegung in die Gamsböcke, das Wild ist den ganzen Tag unterwegs. Bei klarem, schönem Wetter wird man noch weit nach oben steigen müssen, bei anhaltend stürmischem Schlechtwetter spielt sich das Treiben auch in tieferen Lagen ab. In der Brunft wechseln Ansitz und Birsch einander ab, wobei man an bekannten Wechseln die besten Chancen hat, auf suchende oder von stärkeren Rivalen abgesprengte Böcke zu treffen – oder auch auf den Platzbock, der von einer Hetzjagd zurück zu seinem Rudel zieht. Stößt man bei der Birsch auf Scharwild, dann heißt es abwarten und warmen Tee trinken, denn wo Gaisen sind, da ist das Auftauchen eines Gamsbockes nur eine Frage der Zeit.

Rotwild

Warum beugten die Jagdheiligen Hubertus und Eustachius das Knie vor dem Hirsch? Warum zieren Millionen Bilder von röhrenden Hirschen die Häuser und Wohnungen auch jener Menschen, die mit der Jagd nichts am Hut haben? Und warum ist gerade das mächtige Geweih so heiß begehrt? – Ganz einfach: Dem Hirsch haftet etwas Mystisches an, er ist geradezu die Symbolfigur für unsere Schöpfung. Der Jäger verbindet mit dem „heiligen“ Rotwild aber noch etwas Anderes: ausgedehnte, waldreiche Reviere und eine Jagd, die von einem höchste Konzentration verlangt.

Rotwild ist besonders feinsinnig und schöpft beim geringsten Geräusch, Geruch oder bei der kleinsten Bewegung Verdacht. Das langsame Heben des Fernglases mag Rehwild vielleicht aushalten, Rotwild im Normalfall nicht. Einmal vergrämtes Rotwild flüchtet – anders als etwa Rehwild – nicht nur kurz, um nach wenigen Stunden wieder zurückzukehren, sondern überstellt sich bei einer nachhaltigen Störung auch durchaus in weit entfernte Gebiete.

In der Kolbenzeit, in der das Geweih nach dem Abwerfen neu aufgebaut und geschoben wird, nimmt Rotwild reichlich Äsung auf und wird daher auf den ersten aperen Grünflächen zu finden sein. Diese Flächen meidet man ebenso wie die Setzgebiete im Frühsommer, um das Rotwild nicht zu vergrämen. Um die Setzzeit herum werden Schmaltiere und Spießer vom Muttertier kurzfristig abgeschlagen und damit häufiger auch allein auf freien Flächen zu finden sein. Sie bewegen sich noch unerfahren – und damit auch ein wenig unvorsichtig – im Revier.

In der Feistzeit führen gerade ältere Hirsche ein sehr heimliches, auf engen Raum begrenztes Leben zwischen Äsung und Ruhe. Nur reviererfahrene Jäger werden mit viel Zurückhaltung und Geduld – meist vom Ansitz aus – auf den Feisthirsch jagen. Die Birsch oder auch nur die Suche nach frischen Fährten, Losung oder Fegestellen ist in dieser Zeit heikel und nicht zu empfehlen. Der ruhende Feisthirsch döst zwar weite Teile des Tages vor sich hin, hat aber alle Sinne darauf gerichtet, ob sich von irgendwo Gefahr nähert und sucht sich dazu Plätze, von wo er Geräusche und Gerüche gut vernehmen kann. Und in der Regel ist er auch nicht allein: Hirsche schließen sich in der Feistzeit gern zusammen.

In der Brunft wird das Revier lebendiger und lauter. Am besten melden Hirsche nach Frostnächten und an kühlen, trüben Tagen. Warmes Wetter oder Föhnlagen können selbst einen regen Brunftbetrieb sehr schnell erlahmen lassen. Obwohl das Augenmerk des Platzhirsches vor allem den brunftigen Tieren und möglichen Nebenbuhlern gilt, ist er nur sehr schwer anzubirschen. Das Kahlwild bleibt nämlich stets wachsam, und für den Jäger besteht überdies die Gefahr, einen Beihirsch zu übersehen, der sich am Rand des Brunftrudels aufhält. Diese, in der Regel jüngeren Hirsche melden meist erst gegen Ende der Brunft, wenn die älteren Hirsche schon abgebrunftet haben. Mit viel Erfahrung, gutem Wind und ausreichender Deckung kann man einen Platzhirsch auch gezielt angehen. Man verlost dabei in der Nähe eines Brunftplatzes an einer übersichtlichen, aber gut gedeckten Stelle. Will man den Platzhirsch reizen, verwendet man dafür entweder eine große, trichterförmige Muschel, ein Rinderhorn oder auch einen eigens angefertigten Hirschruf. Kampfeslustige Hirsche werden daraufhin manchmal dem Jäger entgegenziehen. Birscht der Jäger in Richtung Wild, kann er dabei – immer bestens gedeckt – einen Herausforderer nachahmen, indem er etwa mit dem Birschstock gegen Büsche oder Äste schlägt. Von Zeit zu Zeit bleibt der Jäger stehen, um zu hören, ob Wild bereits in unmittelbarer Nähe ist und verwendet bei Bedarf erneut – wenn auch äußerst sparsam und knapp – den Hirschruf. Im Normalfall werden Jäger den wohlüberlegten Ansitz bevorzugen und davon abraten, sich dem scharfsinnigen Rotwild zu nähern. Bei bekannten Wechseln kann man allerdings versuchen, das Rotwild abzupassen. Schneisen oder Lichtungen sind dabei von Vorteil, um einzelne Stücke auch schnell und sicher ansprechen zu können. Einem Rudel, das bereits auf der Reise ist, den Wechsel abzuschneiden, ist selbst für sehr flinke und ortserfahrene Jäger unmöglich.

Rotwild nutzt beim Ziehen die kleinste Deckung aus und kann – wenn es sein muss – ewig auf ein und demselben Platz bewegungslos ausharren. Eine wahre Geduldsprobe für den Jäger, der ein Stück Rotwild zwar wahrgenommen, aber noch nicht in Anblick bekommen hat. Gute Nerven sind bei der Jagd auf Rotwild unverzichtbar.

Im Winter läuft beim Rotwild der Stoffwechsel – so es nicht gefüttert wird – auf Sparflamme. Gleichzeitig schränkt das Rotwild seinen Bewegungsraum drastisch ein und wird umso seltener in Anblick kommen.

Schwarzwild

Macht es überhaupt Sinn, auf Schwarzwild zu birschen, das vielerorts mehr nachts wie tags unterwegs ist und sich zudem unstet bewegt? Auch prahlen die großen Schwarzwildjäger unserer Zeit mehr mit ihrem Sitzfleisch als damit, viel Zeit mit dem Birschen auf Sauen zu verbringen. Dennoch kann man dieser urigen Wildart auch zu Fuß im Revier begegnen.

Gerade beim Fressen geht es beim Schwarzwild recht laut zu. Schmatzen, Grunzen oder quiekende Frischlinge geben eine Geräuschkulisse ab, in der sich der Jäger langsam nähern kann. Passender Wind und ein möglichst dunkler Hintergrund sind dabei Voraussetzung. Sauen sind Kontakttiere und gewohnt, auf engstem Raum und auf Tuchfühlung zusammen zu sein, anders als etwa Rot- oder Gamswild, wo einzelne Stücke eines Rudels auch weit voneinander entfernt stehen können. Beim Anbirschen darf man aber keinesfalls anderes Wild übersehen. Ein hochgemachtes oder gar schreckendes Reh kann die ganze Rotte warnen und zum Abspringen bringen. Ist die Störung für Sauen nicht eindeutig zuordenbar, dann verhoffen die Sauen mitunter nach einigen Fluchten. Ist die Rotte einmal in Bewegung, macht es wenig Sinn, ihr nachzubirschen oder zu versuchen, den Weg an bekannten Wechseln abzuschneiden. Um zu wissen, ob eine Rotte auf der Reise ist oder gar anwechselt, kann das Schrecken von Rehen hilfreich sein. Ihre Warnlaute verraten mitunter, welchen Weg eine Rotte nimmt.

Bei der Jagd auf Sauen sind neben den späten Abendstunden und den frostigen Mondnächten vor allem die Morgenstunden nach kurzen Sommernächten vielversprechend. Zwei gute Gründe gibt es dafür: Eine mögliche Nachsuche bei vollem Licht ist wesentlich einfacher, und ein über Nacht nicht zustande gebrachtes Stück Schwarzwild ist gerade in der wärmeren Jahreszeit in der Regel verhitzt und damit nicht mehr zu verwerten. Zudem kann es passieren, dass den Sauen die Nächte zu kurz werden; sie stecken noch bei Tagesanbruch in den Feldern und wechseln dadurch später – und sichtbarer – in die Einstände. Wenn die Felder hoch sind und gute Deckung geben, bleiben Rotten teilweise auch tagsüber im Korn.

Im Sommer kann ein Birschgang zu bekannten Suhlen Sinn machen, da diese vom Schwarzwild an heißen Tagen naturgemäß häufiger aufgesucht werden. Regnet es nach einer langen Trockenzeit, ist es möglich, Sauen auch untertags im Revier in Anblick zu bekommen.

Im Herbst wird Schwarzwild vor allem im Wald unterwegs sein. Künstliche Futterplätze und Kirrungen einmal ausgenommen, wird man die Sauen wohl häufig dort finden, wo Eichen oder Buchen ihre Mast verlieren. Der Abstand zwischen Mastjahren ist gebietsweise unterschiedlich, kann allerdings bis zu zehn Jahre betragen. Schwarzwild wird immer wieder zu diesen Bäumen zurückkehren, um nach Eicheln oder Bucheckern zu suchen. Gelingt es, sich dabei an eine Rotte heranzubirschen, lässt man sich mit dem Schuss nicht zu lange Zeit, da die lebhaften Sauen oft ohne ersichtlichen Grund durcheinander fahren oder flüchtig abgehen.

Von Ende November bis in den Jänner hinein ist Rauschzeit. Keiler ziehen auf der Suche nach Bachen von einer Dickung in die nächste und können dabei auch untertags in Anblick kommen. Bei der Birsch im Schnee – tagsüber wie auch in hellen Mondnächten – ist man mit einem übergezogenen Schneehemd bestens getarnt. Stößt man auf frische Fährten, die in eine Dickung führen, und keine mehr hinaus, dann umstellt man leise und vorsichtig das Gebiet mit Jägern, bevor man es durchdrückt. Die Mitnahme von auf Schwarzwild erprobten Hunden ist dabei von Vorteil. Will man allein versuchen, die im Kessel steckenden Sauen anzugehen, achtet man besonders auf den Wind, ausreichend Deckung und darauf, dass man jeden einzelnen Schritt besonders behutsam setzt.

Sauen leben – bis auf alte, männliche Einzelgänger – in Rotten, die meist von einer erfahrenen und sehr feinsinnigen Leitbache angeführt werden. Als Tabu gilt, ohne anzusprechen auf das erste oder größte Stück Schwarzwild zu schießen. Die Gefahr ist dabei zu groß, damit einer Rotte – selbst wenn sich keine Frischlinge darin befinden – die so wichtige Leitbache zu nehmen.

Auerwild

Sie wirken wie Wesen aus einer alten, vergangenen Welt: die Auerhahnen. Verständlich, wenn sich der Jäger seit jeher mit höchster Ehrfurcht und Vorsicht dieser urigen Wildart nähert. Dem Auerwild gilt zu Recht besonderer Schutz, denn sein Lebensraum ist durch die heutige Waldnutzung immer kleiner geworden. Die für ihn so wichtigen lichten Althölzer mit reichem Beerenangebot sind rar geworden. Dennoch gibt es in den Alpen noch Reviere, deren guter Auerwild-Bestand auch zu Beginn des 21. Jahrhunderts noch eine Bejagung erlaubt.

Birschen heißt beim Auerwild: es „anspringen". Die Jagd auf den Auerhahn erfolgt in unseren Breiten traditionell in der Balz. Zur Zeit der Frühlings-Tagundnachtgleiche, in der zweiten Märzhälfte, beginnen die Großen Hahnen zu melden, und ab April, immer auch von Wetter und Höhenlage abhängig, wird es in den meisten Revieren ernst. Zum Abend hin fällt der Hahn – oder auch mehrere Hahnen – auf dem Balzplatz meist gut hörbar ein. Manchmal überstellt er sich noch ein paar Mal und lässt seltsame, rülpsähnliche Laute hören: das Worgen. Zu später Stunde kann der Jäger auch noch einige „Gsatzln" seiner einzigartigen, vierteiligen Balzstrophe vernehmen. Der Jäger verlost den Hahn aus einiger Entfernung und gut gedeckt am Abendeinfall. Wenn der Hahn verstummt ist, zieht sich der Jäger vorsichtig zurück, um schon nach wenigen Stunden wieder vor Ort zu sein. Noch im Dunkel der Nacht kehrt der Jäger auf den Balzplatz zurück.

Mit dem ersten Lichtschein, bei Mond auch schon früher, beginnt der Auerhahn mit seinem Balzlied. Zunächst ist das Knappen zu hören, das öfters wiederholt wird und in etwa so klingt, wie wenn zwei Hölzchen aufeinander schlagen. Als zweiter Laut folgt der helle kurze Triller, darauf der Hauptschlag, der am weitesten zu hören ist und dem Entkorken einer Flasche ähnelt. Abschließend ist das Schleifen zu hören, ein Geräusch zwischen rau-heiserem Zwitschern und einem schnarchenden Zischen. Während dieses letzten Lautes ist der Auerhahn so gut wie taub und ermöglicht dem Jäger das Anspringen, also zwei bis drei schnelle Schritte in Richtung des Hahnes. Ist das Schleifen vorbei, bleibt man völlig regungslos stehen. Nur während des Schleifens hat der Jäger eine Chance, an den Hahn heranzukommen und das Gewehr in Anschlag zu bringen. Wenn man nahe genug ist, ist ein Schuss mit ausreichend grobem Schrot möglich. Bei einem Büchsenschuss achtet man darauf, dass keinerlei Äste oder Zweige den Hahn verdecken und ein Kugelfang vorhanden ist. In jedem Fall muss der Schuss sorgsam abgegeben werden, da man bei einer Nachsuche nur sehr schlechte Karten hat.

Wird es heller, balzt der Hahn schließlich auf dem Boden weiter. Sind Hennen da, werden diese im Verlauf der Bodenbalz getreten. Ein Anspringen während der Bodenbalz ist fast unmöglich.

Die Balz endet je nach Höhenlage gegen Ende Mai. Auch im Herbst kann es vorkommen, dass man das Balzlied des Auerhahnes hört – im Zuge der sogenannten Herbstbalz. Hennen werden dabei aber nicht getreten.

Birkwild

Auch der Birkhahn oder Kleine Hahn wird in unseren Breiten traditionell in der Balz bejagt, die meist im April beginnt und sich bis in den Juni ziehen kann. Diese spielt sich in den Alpen dort ab, wo der Wald nach oben hin spärlicher und der Bewuchs offener wird und einigermaßen freie Sicht vorhanden ist. Allzu steil darf das Gelände nicht sein, damit es sich als Tanzboden für die Birkhahnen eignet. Eine Birsch auf den balzenden Birkhahn, von dem es heißt, dass er „auf jeder Feder ein Auge hat", ist in einer solchen offeneren Landschaft nur in Einzelfällen wirklich ratsam.

Im Gegensatz zum Auerwild schwingen sich die Birkhahnen erst in früher Morgendämmerung auf dem Balzplatz ein, und es geht dort schon allein aufgrund einer meist größeren Hahnendichte sehr lebendig zu. Die eigentliche Balz findet auf dem Boden statt. Nach dem Einfallen und einem kurzen Sichern blasen die schwarzen Sichelritter ein kräftiges „Tschu-hui" und setzen dann mit dem Kullern fort, das vom Klang her an das Gurren von Tauben erinnert. Dazwischen tanzen die Hahnen mit tiefem Stingel und hängenden Schwingen umher, von Zeit zu Zeit unterbrochen von bis zu einem Meter hohen Flattersprüngen. Jeder Hahn auf dem Balzplatz hat seinen abgezirkelten Bereich. Bei einer „Grenzverletzung" kann es auch zu harten Zweikämpfen kommen. Zum Sonnenaufgang hin verschweigen die Hahnen, baumen schließlich auf und singen dann bei vollem Licht oft noch weit in den Tag hinein.

Das Birkwild ist mehr oder weniger standorttreu und wird fast immer vom Schirm aus bejagt. Dieser wird aus Ästen und Hölzern gefertigt, die in der unmittelbaren Umgebung des Balzplatzes wachsen. Sinnvollerweise bezieht man schon lange vor dem frühmorgendlichen Einfall den Schirm. Der Birkhahn ist zu jeder Zeit und selbst in größter Erregung immer noch scharfäugig und hellhörig. Der Jäger hat daher in der Balz vom Schirm aus die besten Chancen. Täuscht man durch Blasen geschickt einen Nebenbuhler vor oder ahmt man das Melden einer Henne nach, gelingt es mitunter, einen Hahn aus einiger Entfernung näher an den Schirm zu locken.

In seltenen Fällen, wenn etwa ein Birkhahn einzeln balzt und man ausreichend Deckung findet, kann man höchst vorsichtig auch ein Anbirschen versuchen. Sind allerdings noch Hennen in der Nähe, so ist dieses Vorhaben so gut wie aussichtslos. Für den mit diesem Wild vertrauten Jäger ist die Birsch auf den Kleinen Hahn nicht nur hohe Kunst, sondern eine beachtliche Herausforderung. Diese Art von Jagd verlangt nämlich ein Höchstmaß all jener Eigenschaften, die einen guten Birschjäger auszeichnen: Erfahrung, Scharfsinn, Wachheit, Geduld und Leidenschaft.

Lesen Sie ruhig praxisnah weiter ...

Rehwild-Ansprechfibel

Von Paul Herberstein und Hubert Zeiler.
96 Seiten, reich illustriert. € 23.-

Reifer Bock oder Jüngling? Schmale oder Altgeiß? Bockkitz oder Geißkitz? – Eine griffige Ansprechfibel, die beim Rehwild keine Frage offen lässt.

Rotwild-Ansprechfibel

Von Hubert Zeiler und Paul Herberstein.
96 Seiten, reich illustriert. € 23.-

Erntehirsch oder Mittelhirsch? Schmaltier oder Alttier? Führend oder nicht? – Ein verlässlicher Ratgeber von der Kolbenzeit bis zum Abwerfen.

Schwarzwild-Ansprechfibel

Von Siegfried Erker und Paul Herberstein.
80 Seiten, reich illustriert. € 23.-

Vom gestreiften Frischling bis zur groben Sau. Von der klirrenden Mondnacht bis zum taunassen Sommermorgen. – Diese Ansprechfibel ist eine echte Waffe in Buchform. Für jeden Saujäger.

Österreichischer Jagd- und Fischerei-Verlag
1080 Wien, Wickenburggasse 3
Tel. +43/1/405 16 36 Fax +43/1/405 16 36/59
E-mail: verlag@jagd.at Internet: www.jagd.at

Bildteil

Worauf ein geeichter Birschjäger im Revier achtet und welche Situationen ihn dort erwarten, zeigt der folgende Fototeil.

Auf leisen Sohlen.

Ein weicher Waldboden, bewährte Ausrüstung und ein Hund, der weiß, worauf es ankommt. – Jägerherz, was brauchst du mehr fürs Birschen!

Hohle Gasse.

Auch abseits von gepflegten Birschsteigen oder breiten Forststraßen gibt es in jedem Revier noch Wege, auf denen man sinnvoll birschen kann.

Gedeckter Tisch.

Üppige Äsung, nahe Deckung und ein ruhiger Revierteil – wer sagt denn, dass Wild nicht auch mitten am Tag auf freie Flächen zum Äsen zieht?

Grasnarbe ausnützen!

Loser Schotter ist tückisch und fürs Birschen ungeeignet. Wer seine Schritte auf die Grasnarbe setzt, ist bedeutend leiser unterwegs.

Gute Aussichten.

Büsche und Bäume bieten selbst im Winter und auf weiten Feldern jene Deckung, hinter der man in Ruhe ansprechen und sich anbirschen kann.

Passende Kleidung.

Mit einem übergezogenen Schneehemd verschwimmt der Jäger in der Winterlandschaft und ist nur schwer vom Wild auszumachen.

Augen auf.

Spannende Fährten, wie diesen Wildschweinwechsel, entdeckt man oft nur dann, wenn man aufmerksam zu Fuß im Revier unterwegs ist.

In die Ferne schweifen.

Ein treibender Rehbock? Eine Rotte Sauen, die sich ins Feld eingeschoben hat? – Ein solcher Aussichtspunkt ist für jeden Birschgang Gold wert.

Der Sonne entgegen.

Solche Steige sind am Berg selten und Luxus. In höheren Lagen ist der Jäger gewohnt, sich auch querfeldein im Revier zu bewegen.

Stillgestanden.

Ein verdächtiges Knacksen oder eine flüchtige Bewegung wahrgenommen? Auf der Birsch zahlen sich regelmäßige Pausen aus, um nichts zu übersehen.

Schattenjäger.

Wer den Schatten geschickt für sich nutzen kann, wird sich wundern, wie nah er an das Wild herankommt.

Schießen, nicht schusseln!

Stock fest in den Boden gestemmt, entspannte Körperhaltung und breiter Stand – beim Anstreichen Voraussetzung für einen sicheren Schuss.

Spannung pur.

Der Rehbock zieht näher und näher – einer jener Momente beim Birschen, die einem unter die Haut gehen und das Herz bis zum Hals schlagen lassen.

Kurzer Anblick.

Ein Reh wechselt hastig über den Weg. Wenig Zeit für den Jäger, um anzusprechen und vielleicht sogar einen Schuss anzutragen.

Ruhig Blut.

Der Rehbock zieht vertraut über die Forststraße. Passt der Wind und bleibt man regungslos stehen, ist jagdlich noch nichts verhackt.

Neugieriges Gamswild.

Hat Gamswild etwas wahrgenommen, springt es nicht unbedingt sofort ab. Und selbst wenn, macht es nach ein paar Fluchten gern einmal ein Haberl.

Faul und wachsam.

In der Feistzeit bewegen sich Hirsche zwar wenig und dösen viel, wachsam bleiben sie auf den gut gewählten Ruheplätzen aber allemal.

Heikles Gespenst.

Bei der geringsten Störung ist der Feisthirsch dahin. Selbst beim Abspringen wird er geschickt jede noch so kleine Deckung nutzen.

Lautes Revier.

Kalte Witterung heizt die Brunft so richtig an und gibt erfahrenen Jägern die Gelegenheit, den meldenden Hirsch auch anzugehen.

Lauscher und Lichter auf Empfang.

Ältere Tiere sind besonders feinsinnig, und ihnen entgeht kaum etwas. Sie führen daher meist auch das Rudel an.

Schwarz auf weiß.

Sauen im Schnee – nicht nur ein packendes Bild, sondern auch immer eine jener Situationen, die schnelle Reaktion und sicheres Ansprechen erfordern.

Überraschende Begegnung.

Das Schwarzwild ist überall und nirgends. Und es lässt sich in der wärmeren Jahreszeit manchmal sogar noch bei bestem Büchsenlicht blicken.

Grimmiger Einzelgänger.

Ältere Keiler werden zu Einzelgängern. In der Rauschzeit gehen sie auf Brautschau und durchstreifen dabei auch tagsüber die Reviere.

Uriger Hahn.

Wer den Auerhahn anspringen will, muss auf das Schleifen warten. Der sonst so wachsame Hahn nimmt dabei seine Umgebung kaum wahr.

Sichelritter beim Turnier.

Bei den Birkhahnen geht es bei der Balz zwar gesellig und lebhaft zu, ohne Schirm wird es allerdings schwer, den Hahnen nahezukommen.